解　读　地　球　密　码

丛书主编　孔庆友

生命乐章

生物进化

Biological Evolution

The Trace of Life

本书主编　左晓敏　宋香锁

山东科学技术出版社
·济南·

图书在版编目（CIP）数据

生命乐章——生物进化 / 左晓敏，宋香锁主编 .
-- 济南：山东科学技术出版社，2016.6（2023.4 重印）
（解读地球密码）
ISBN 978-7-5331-8349-3

Ⅰ . ①生… Ⅱ . ①左… ②宋… Ⅲ . ①生物－进化－普及读物 Ⅳ . ① Q11-49

中国版本图书馆 CIP 数据核字（2016）第 141390 号

丛书主编 孔庆友
本书主编 左晓敏 宋香锁

生命乐章——生物进化
SHENGMING YUEZHANG——SHENGWU JINHUA

责任编辑：赵 旭
装帧设计：魏 然

主管单位：山东出版传媒股份有限公司
出 版 者：山东科学技术出版社
地址：济南市市中区舜耕路 517 号
邮编：250003 电话：（0531）82098088
网址：www.lkj.com.cn
电子邮件：sdkj@sdcbcm.com
发 行 者：山东科学技术出版社
地址：济南市市中区舜耕路 517 号
邮编：250003 电话：（0531）82098067
印 刷 者：三河市嵩川印刷有限公司
地址：三河市杨庄镇肖庄子
邮编：065200 电话：（0316）3650395

规格：16 开（185 mm × 240 mm）
印张：7 **字数：**126 千
版次：2016 年 6 月第 1 版 **印次：**2023 年 4 月第 5 次印刷
定价：35.00 元

审图号：GS（2017）1091 号

普及地質科学知識
提高民族科学素質

李廷栋
2016年元月

传播地学知识，弘扬科学精神，
践行绿色发展观，为建设
美好地球村而努力。

翟裕生
2015年10月

贺 词

自然资源、自然环境、自然灾害，这些人类面临的重大课题都与地学密切相关，山东同仁编著的《解读地球密码》科普丛书以地学原理和地质事实科学、真实、通俗地回答了公众关心的问题。相信其出版对于普及地学知识，提高全民科学素质，具有重大意义，并将促进我国地学科普事业的发展。

国土资源部总工程师 [signature]

编辑出版《解读地球密码》科普丛书，举行业之力，集众家之言，解地球之理，展齐鲁之貌，结地学之果，蔚为大观，实为壮举，必将广布社会，流传长远。人类只有一个地球，只有认识地球、热爱地球，才能保护地球、珍惜地球，使人地合一、时空长存、宇宙永昌、乾坤安宁。

山东省国土资源厅副厅长 [signature]

编著者寄语

★ 地学是关于地球科学的学问。它是数、理、化、天、地、生、农、工、医九大学科之一，既是一门基础科学，也是一门应用科学。

★ 地球是我们的生存之地、衣食之源。地学与人类的生产生活和经济社会可持续发展紧密相连。

★ 以地学理论说清道理，以地质现象揭秘释惑，以地学领域广采博引，是本丛书最大的特色。

★ 普及地球科学知识，提高全民科学素质，突出科学性、知识性和趣味性，是编著者的应尽责任和共同愿望。

★ 本丛书参考了大量资料和网络信息，得到了诸作者、有关网站和单位的热情帮助和鼎力支持，在此一并表示由衷谢意！

生命·生物·进化

无机物·原核生物·真核生物·多细胞生物

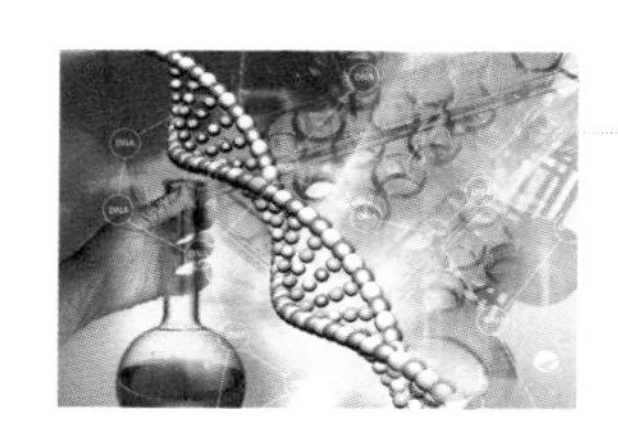

从原核生物到真核生物/18

生物演化最重要的一个过程就是由原核生物到真核生物的发展演化。原核细胞的主要特征是没有以核膜为界的细胞核，只有拟核。真核细胞则是含有真核（被核膜包围的核）的细胞。

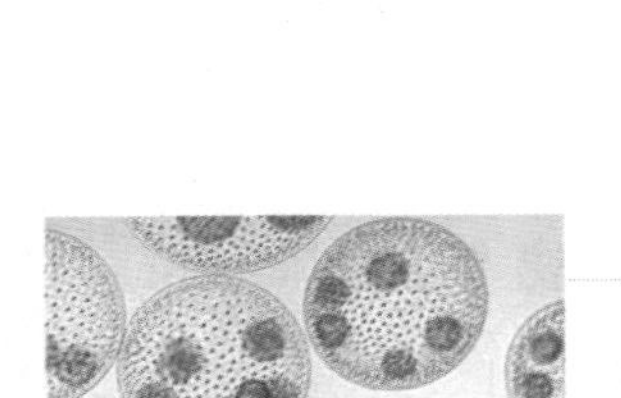

从单细胞生物到多细胞生物/21

生物可以根据构成的细胞数目分为单细胞生物和多细胞生物。从单细胞到多细胞是生物从低级向高级发展的一个重要过程，代表了生物进化史上一个极为重要的阶段。

Part 3 水生植物·陆生植物

低等植物的发生和演化——藻类植物/25

低等植物尤其是藻类植物是地球上最早出现的植物，从太古宙晚期开始，经历了整个元古宙，一直到古生代早期的志留纪都是藻类植物发展和繁盛的时期，长达32亿年左右。

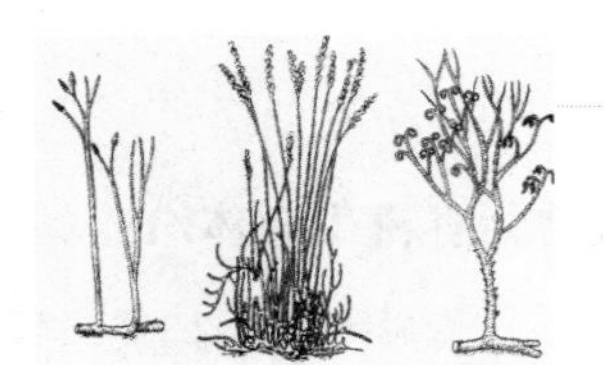

从水生到陆生的过渡——苔藓植物和裸蕨植物/26

在距今约4.1亿年前的志留纪末期，剧烈的地壳运动，使陆地上升，海水消退，许多地区转变为低湿平原，海滨、丘陵地带也出现洼地，肥沃的土壤和湿热的气候，都为植物由水域向陆地发展创造了条件。

Contents

Part
4

脊椎动物的开端——鱼类时代/40

就整个动物演化进程而言，脊椎动物是从无脊椎动物演化来的，有颌类是从无颌类进化而来。而鱼类的出现则标志着从低等的无颌类脊椎动物向高等的有颌类脊椎动物进化的一次质的飞跃。

动物登陆——两栖类的演化/44

由水登陆，在脊椎动物的进化史上又是一次巨大的飞跃。两栖类是脊椎动物由水生到陆生的过渡类型。

爬行动物时代——恐龙称霸/46

具有适应于陆生环境的身体结构以及产羊膜卵的古代爬行动物在生存斗争中不断发展，特别是恐龙的繁盛，将两栖类排挤到次要地位。爬行动物到中生代几乎遍布全球的各种生态环境，因而常称中生代为爬行动物时代。

翱翔天空——鸟类的进化/53

鸟类在地球上出现的时间比哺乳类要晚一点，它是由中生代爬行动物分化出来并向空中发展的一个特殊分支。在漫长的演化过程中产生了一系列适应于飞翔生活的形态结构和生理机能。

Part 6 辐射·灭绝

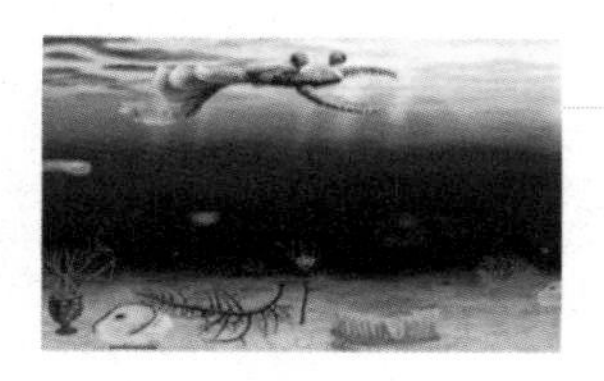

地学知识窗

Part 1 生命·生物·进化

地球大约诞生在距今46亿年前，在经过了漫长的元素形成、化学进化之后，大约在距今40亿年前，最初的生命出现了，从此，漫长的生物进化过程开始了。原始生命经历了由简单到复杂、由水生到陆生、由低等到高等这样一个漫长的演化过程，逐渐形成了现在地球上缤纷多彩的生物世界。

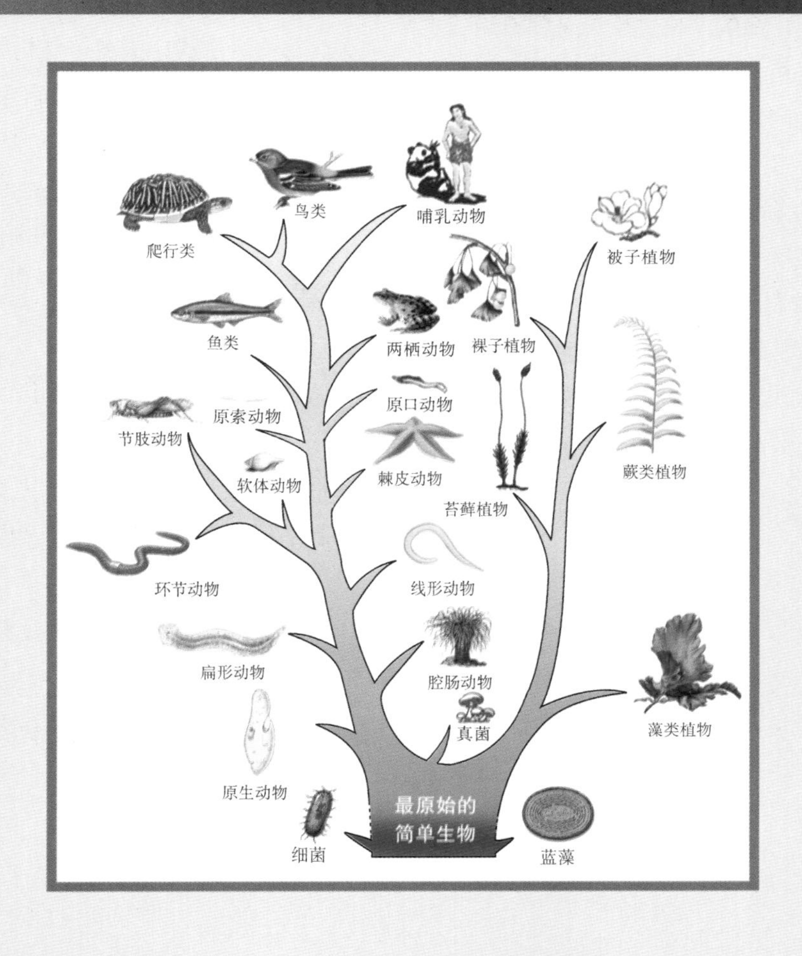

什么是生物

生物（Organism），又称生命体、有机体，是指有生命的个体。那么什么是生命呢？目前生物学上的定义是：生命是由核酸和蛋白质等物质组成的多分子体系，它具有不断自我更新、繁殖后代以及对外界产生反应的能力。物理学上的定义是：生命的演化过程总是朝着熵减少的方向进行，一旦负熵的增加趋近于零，生命将趋向终结，走向死亡。

由于生命现象十分错综复杂，因此从科学的角度讲，什么是生命是一个很难全面而准确回答的问题，至今还没有一个为大多数科学家所接受的关于生命的定义。但是从错综复杂的生命现象中，我们仍然可以找到生物的一些共性，即生命的属性，主要有以下几点：

化学成分的同一性

从元素成分看，生命体都是由C、H、O、N、P、S、K、Ca、Mg等元素构成的；从分子成分来看，生命体中有蛋白质、核酸、脂肪、糖类、维生素等多种有机分子。其中蛋白质是由20种氨基酸组成，核酸主要由4种核苷酸组成。

有序的结构

生命的基本组成单位是细胞（图1-1），细胞内又有各种结构单元（细胞器）。生物界是一个多层次的有序结构，在细胞这一层次之上还有组织、器官、系统、个体、种群、群落、生态系统等层次。每一个层次中的各个结构单元，如各系统中的各种器官、各器官中的各种组织，都有它们各自特定的结构和功能，它们的协调活动构成了复杂的生命系统。另外，各种生物编制基因程序的遗传密码是统一的，都遵循中心法则。

——地学知识窗——

中心法则

主要是指遗传信息从DNA传递给RNA，再从RNA传递给蛋白质，即完成遗传信息的转录和翻译的过程；也可以从DNA传递给DNA，即完成DNA的复制过程。这是所有有细胞结构的生物所遵循的法则。

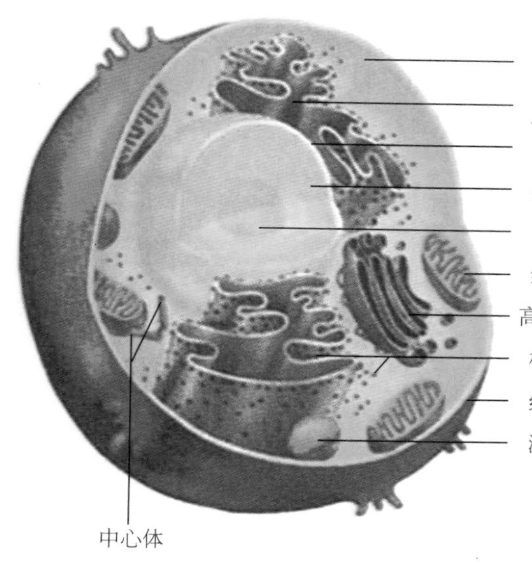

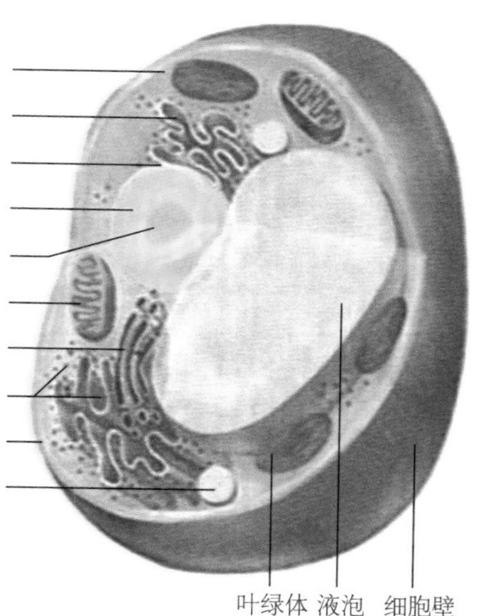

图1–1．动物细胞（左）和植物细胞（右）

新陈代谢

生物体不断地吸收外界的物质，这些物质在生物体内发生一系列变化，最后成为生物体的组成部分或代谢过程的最终产物而被排出体外。

——地学知识窗——

病毒是不是生物

病毒没有细胞结构，它在侵入宿主细胞之前不能繁殖，更谈不上新陈代谢，却可以像无机盐一样结晶。生命的许多基本特征它都不具有。但是它的身体构成中有最基本的两种生物大分子——蛋白质和核酸，一旦它侵入宿主细胞以后，就能借助宿主细胞的一套生命系统复制自己，大量繁殖出具有相同遗传特征的后代，这又表现出了生命的特点，因此，一般认为病毒应属于生命世界的一个特殊类群。

生长特性

生物体能通过新陈代谢的作用而不断地生长、发育，遗传因素在其中起决定性作用，外界环境因素也对生物体的生长发育有很大影响。

遗传、变异和繁殖能力

生物体能不断地繁殖下一代，使生命得以延续。生物的遗传是由基因决定的，但生物的某些性状也会发生变异；没有可遗传的变异，生物就不可能进化。

应激能力

生物接受外界刺激后会发生一定的反应。

根据以上生命特征，我们就可以判定某个物体是不是生物。

据专家推测，目前地球上有3 000万～5 000万种生物，已发现和命名的生物有200多万种。根据生物的相似程度（包括形态结构和生理功能等），把生物划分为种和属等不同的等级，生物的主要分类单位是界（kingdom）、门（phylum）、纲（class）、目（order）、科（family）、属（genus）、种（species）。种以下还有亚种（subspecies）和变种（variety）等。

生物的进化

达尔文（图1－2）提出的生物进化论，简称进化论（Evolution），是生物学最基本的理论之一，是指生物在变异、遗传与自然选择作用下的演变发展、旧物种淘汰和新物种产生的过程。

图1–2　达尔文

生物进化思想的发展

古代人们在栽培植物和驯养动物的生产实践中，积累了关于生物的形态、构造和生活习性的知识，注意到了生物机体的变化以及生物与环境的关系，逐步形成了朴素的生物进化思想。近代科学诞生以前，进化思想发展缓慢，当时广为流行的是神创论和物种不变论。随着生产和科学的发展，人们发现了许多新的与物种不变论相矛盾的事实。法国学者布封（1707—1788）提出了物种是变化的，现代的动物是少数原始类型的后代。他把有机体与它们的生活环境联系起来，认为气候、食物和人的驯养等因素可引起动物性状的变异。1809年，另一位法国学者拉马克（1744—1829）在其《动物学哲学》中，用环境作用的影响、器官的用进废退和获得性遗传等原理解释了生物的进化过程，创立了第一个比较严整的进化理论。1859年，达尔文发表了《物种起源》一书，论证了地球上现存的生物都由共同祖先发展而来，它们之间有亲缘关系，并提出自然选择学说以说明进化的原因，从而创立了科学的进化理论，揭示了生物发展的历史规律。20世纪20年代以来，随着遗传学的发展，一些科学家用统计生物学和种群遗传学的研究成果重新解释了达尔文的自然选择理论，通过精确地研究种群基因频率由一代到下一代的变化来阐述自然选择是如何起作用的，逐步填补了达尔文自然选择理论的某些缺陷，使达尔文理论在逻辑上趋于完善，从而形成了现代综合进化论。

生物进化的证据

关于生物进化的证据有很多，主要包括古生物学方面、比较胚胎学方面以及比较解剖学方面的证据。

古生物学方面的证据——化石

生物进化最直接、最主要的证据是化石（fossil）。化石是指保存在岩层中的地质历史时期的生物遗体、遗物或遗迹。地史时期的生物遗体、遗物或遗迹在被沉积物埋藏后，经历了漫长的地质年代，随着沉积物的成岩作用，埋藏在其中的生物体经过石化作用，从而形成了化石。

古生物化石的分类有许多不同的标准，为便于研究，我们常按照古生物化石的保存类型分类，分为实体化石、模铸化石、遗迹化石和化学化石四大类。

实体化石 指生物遗体（或其中的一部分）被埋藏，经过石化作用而形成的化石（图1-3）。

模铸化石　是指生物遗体在地层中的印模和铸型（图1－4）。根据其与围岩的关系，又可分为四类：①印痕化石：生物尸体陷落在细碎屑或化学沉积物中留下的生物软体印痕。②印模化石：生物硬体在围岩表面和内部填充物上留下印模，包括外膜和内膜。③核化石：由生物体结构形成的空间或生物硬体溶解后形成的空间，被沉积物充填固结后，形成与原生物体空间大小和形态类似的实体，包括内核和外核。④铸型化石：是指当生物体埋在沉积物中，已经形成外模和内核后，壳质全部被溶解，并被另一种矿物质填充所形成的化石。

图1－3　鹦鹉嘴龙实体化石

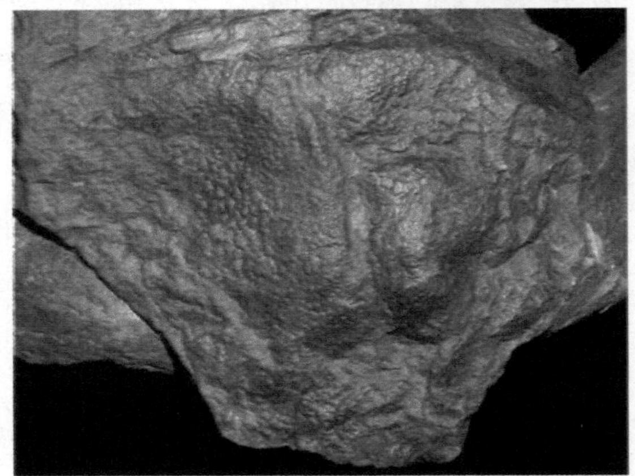
图1－4　模铸化石

遗迹化石　是指地史时期生物活动时产生在沉积物表面或其内部的各种活动记录所形成的化石，包括足迹、移迹、潜穴、钻孔以及动物的粪便、卵（蛋）、植物根系等形成的化石。由于遗迹化石是活着的生物留下的痕迹，所以它对于岩相和古生态分析研究具有不可替代的重要意义（图1－5）。

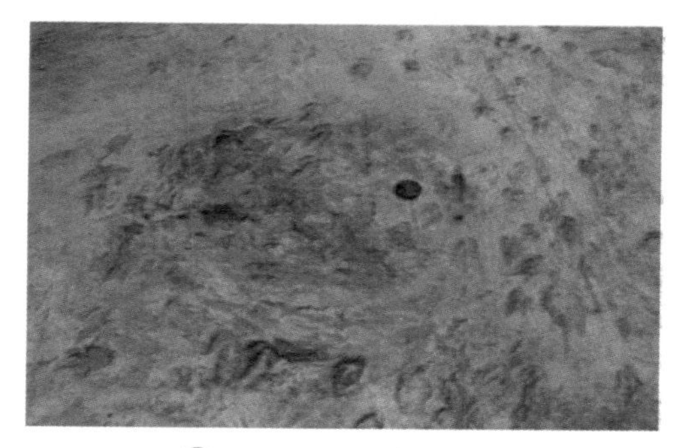
图1－5　诸城皇龙沟恐龙足迹化石

——地学知识窗——

遗迹化石的特殊意义

遗迹化石是由生物活动而形成的沉积构造，它保存的信息即使是保存最好的实体化石也未必能提供，并且绝大多数遗迹化石为原地保存，形成之后不会被搬运改造，因此，遗迹化石是在某种环境条件下生物行为习性的直接证据，是沉积环境的灵敏指示者。遗迹化石在地史时期数量丰富，尤其是在缺乏实体化石的某些地层中大量存在，对分析生物群落面貌、沉积条件甚至地层对比等也都具有不可替代的作用。另外，它还为探索生命起源、演化，特别是生物行为习性的演化提供了强有力的证据。

化学化石　是地史时期的生物有机质软体部分在遭到破坏后，由分解后残留在地层中的有机成分所形成的一种特殊的化石，有些可以形成重要的矿产资源，如煤、石油、天然气等。

化石是古生物学研究的对象，对化石的研究能够直观地了解生物界进化发展的历史过程，为生物的进化提供可靠、有力的证据。由于生物的演化是不可逆的，不同地质时代里有不同的生物类群，因此可以利用地层中生物类群的特征来确定地层的相对地质年代和顺序，也可以利用地层的地质年代来确定生物类群的种类和特征（表1－1）。

表1-1　　地质年代与生物进化对照表

宙（宇）	代（界）	纪（系）	世（统）	生物进化		
				动物		植物
显生宙（PH）	新生代（Kz）	第四纪（Q）	全新世	人类出现	无脊椎动物继续演化发展	被子植物繁盛
			更新世			
		新近纪（N）	上新世	哺乳类繁盛		
			中新世			
		古近纪（E）	渐新世			
			始新世			
			古新世			
	中生代（Mz）	白垩纪（K）	晚白垩世	爬行类繁盛		
			早白垩世			裸子植物繁盛
		侏罗纪（J）	晚侏罗世			
			中侏罗世			
			早侏罗世			
		三叠纪（T）	晚三叠世			
			中三叠世			
			早三叠世			
	古生代（Pz）	二叠纪（P）	晚二叠世	两栖类繁盛		
			中二叠世			蕨类植物繁盛
			早二叠世			
		石炭纪（C）	晚石炭世			
			早石炭世			
		泥盆纪（D）	晚泥盆世	鱼类繁盛		裸蕨植物繁盛
			中泥盆世			
			早泥盆世			
		志留纪（S）	顶志留世	海生无脊椎动物繁盛		
			晚志留世			
			中志留世			藻类植物及菌类繁盛
			早志留世			
		奥陶纪（O）	晚奥陶世			
			中奥陶世			
			早奥陶世			
		寒武纪（Є）	晚寒武世			
			中寒武世	硬壳动物繁盛		
			早寒武世			
元古宙（PT）	新元古代（Pt_3）	震旦纪（Z）		无壳动物繁盛		
		南华纪（Nh）				
		青白口纪（Qb）				
	中元古代（Pt_2）	蓟县纪（Jx）				真核生物出现
		长城纪（Ch）				
	古元古代（Pt_1）	滹沱系（Ht）				原核生物出现
太古宙（AR）	新太古代（Ar_3）			生命现象开始出现		
	中太古代（Ar_2）					
	古太古代（Ar_1）					
	始太古代（Ar_0）					
冥古宙（HD）						

比较胚胎学的证据

比较胚胎学是对不同生物体在发育过程中所出现的结构进行比较的学科，亲缘相近的生物体在它们的胚胎发育阶段形态相似。所有脊椎动物都起源于共同祖先的迹象之一，就是它们都具有一个胚胎发育阶段。比较脊椎动物和人的胚胎发育过程，它们的早期发育阶段都很相似，如都有尾和鳃裂，说明它们都是由古代原始的共同祖先进化而来的（图1－6）。

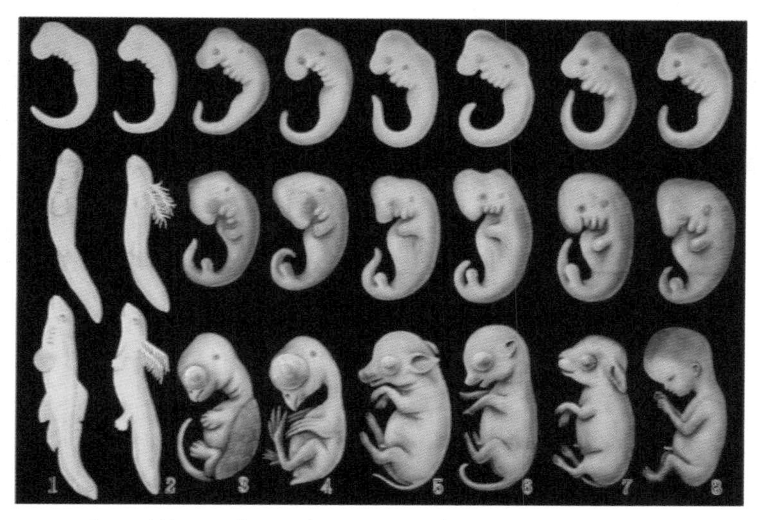

1. 鱼　2. 蝾螈　3. 龟　4.鸡　5.猪　6.牛　7.兔　8.人

图1－6　脊椎动物与人的胚胎发育过程的比较

比较解剖学的证据——同源器官、痕迹器官

比较解剖学是比较不同物种之间的身体构造的学科。物种之间特定的解剖学相似性蕴含着进化史的证据，包括同源器官和痕迹器官。同源器官是指起源相同，结构和部位相似，而形态和功能不同的器官。同源器官的存在，证明凡是具有同源器官的生物，都是由共同的原始祖先进化而来的，只是在进化过程中，由于它们的生活环境不同，同源器官适应于不同的生活环境，逐渐出现了形态和功能上的差异（图1－7）。痕迹器官是指在生物体上已经没有作用，但仍然保留着的器官，如人的蚓突（阑尾）、某些蛇类保留着的四

肢残余等。由痕迹器官的存在可以追溯某些生物之间的亲缘关系，如人的蚓突说明人来源于有盲肠的动物，蛇的残存四肢说明了它们的祖先是四足类动物。

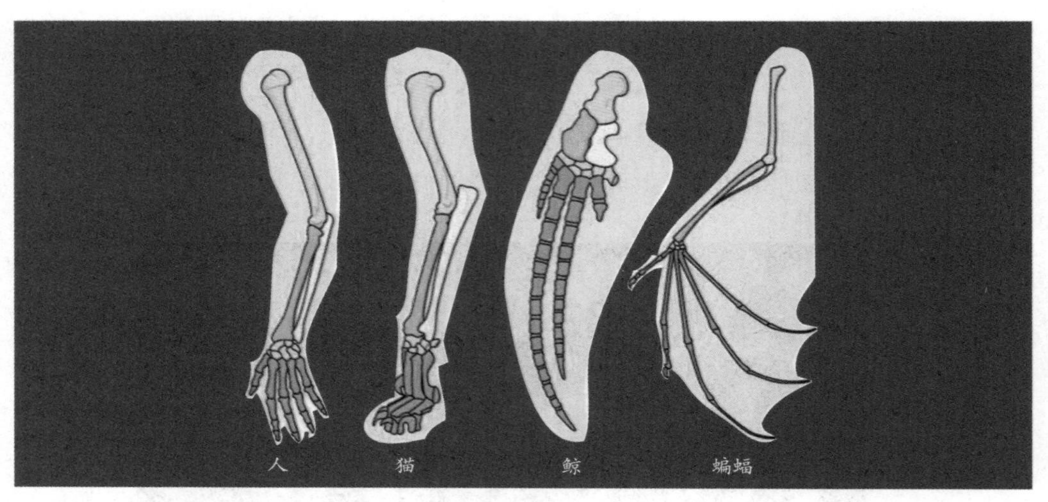

图1–7 人、猫、鲸和蝙蝠前肢骨比较（同源器官）

生物进化的规律

地球大约诞生在距今46亿年前，其早期是个炽热的球体，根本谈不上生命的发生，后来随着地球的慢慢冷却，才逐渐为生命的发生提供了条件。在经过了漫长的元素形成、化学进化过程后，大约在距今40亿年前，最初的生命出现了，从此，漫长的生物进化过程开始了。原始生命经过不断地发展演化，逐渐形成了现在地球上缤纷多彩的生物世界。

在生命进化的历程中，总的进化趋势是由少到多、由简单到复杂、由低等到高等的前进性发展。

从少到多——分化进化

自然界中任何一种生物，每一个物种或种群，都按照一定的方向发展，表现为各不相同的生活需要和生活方式。从大的方面看，生物界呈现三大发展方向：营光合作用的自养植物、摄食营养的动物以及靠渗透作用吸收营养的菌类。这三大生物类群，由于获取营养的方式不同，所以进化的方向也不一样。

植物生命活动的关键问题是光合作用，核心要求是光照。因此，植物进化的总过程，表现为植物体与光照的斗争和适应的过程。其进化的主要表现是：有片状的叶作为吸收光能、进行光合作用的最适器官；有叶柄和枝茎作为叶的支撑，以获取最大光照；有根系固着植物，并提供光合作用的原料；具有维管系统，作为物质交流的渠道。可见，光合作用决定了植物的发展方向和发展水平。

动物生命活动的关键是寻找食物，因此，动物进化的方向是“动”。在漫长的进化过程中，大多数动物都朝着能够活动的、摄食的方向发展，从而形成了生物界最高级、最复杂的机体结构。这种机体结构内有一种复杂的“感觉—神经—运动”的组织、器官和系统，从而具备了获取食物的有效机构；还有一个从事“消化—循环—排泄”的复合系统，作为营养、运输和排泄机构；与之相适应的是，在较大的体型上，又产生了气体交换的机构。构成上述各系统的基本单位是各种高度分化的“无壁细胞”，它们具有较高的代谢水平，以支持动物的活动生活。另外，动物机体内还有一套由神经系统、循环系统和内分泌系统组成的调节控制系统，以使动物与环境统一，使动物体内部的结构和功能统一。可见，由于摄食是动物发展的关键问题，因而决定了它们的进化方向和进化水平。

菌类的营养方式相当复杂，如细菌有光能自养型、光能异养型、化能自养型、化能异养型等。但和动、植物相比，它们获取营养的基本方式是吸收，主要作用是分解。吸收的关键在于接触面的大小，而体积愈小，其接触面的比值愈大。因此，对于主要营腐生和寄生的菌类来说，体小不仅利于吸收营养，而且能够利用更多的寄主，扩大了摄取多种营养的幅度。由于菌类体小，相应出现了繁殖力强、数量大、分布广等特性。

以上是从大的方面看生物界分化为三大类群。从小的方面看，每一种生物的类群都是通过分支分化而形成的。生物的类群在最初出现的时候总是少数，以后才通过分化而形成许许多多的物种。以有胎盘的哺乳动物为例，从早期原始的、小型的、具有短足五趾的陆地步行类型，通过对不同环境的适应，成为适合于飞行的蝙蝠，适合于奔跑的马、兔，适合于树上生活的松鼠、灵长类，适合于水栖的鲸、海牛，适合于土居生活的鼹鼠和适合于猎食生活的虎、豹等不同的类群。自然界到处可以看到类似的现象，这都是从少到多、分化进化的产物。

从低等到高等——复杂化进化

从简单到复杂、从低等到高等的发展是生物进化前进性发展的主要趋势。最初的生命是非细胞形态的生命，从非细胞形态到细胞形态，从原核细胞到真核细胞，是早期进化最重要的复化过程。随着真核细胞的出现以及植物和动物的分化，植物的进化发展是从单细胞到多细胞，从孢子植物到种子植物，从裸子植物到被子植物；动物的进化发展是从单细胞到多细胞，从无脊椎动物到脊椎动物，从鱼类到哺乳类等，都经历了曲折的复杂化过程，呈现为不断地前进性发展（图1－8）。其结果不只是对部分生活条件的适应，而且使生物的生活力增强，对环境条件有更广泛的适应性，最终造就了物种的繁荣昌盛。

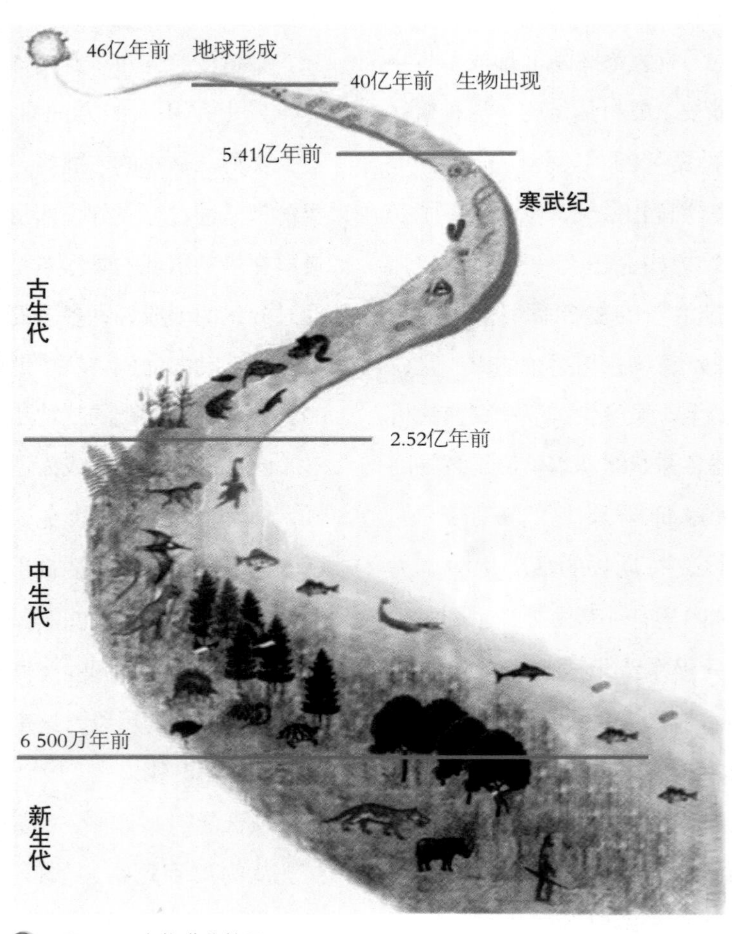

图1–8　生物进化简图

综上所述，生命的进化史可包括三个基本步骤：①从无到有的起源；②从少到多的分化发展；③从低级到高级的复杂化发展。一个新类型的出现（起源），开始总是少数，接着是种类数量增加（分化发展），然后随着数量增加，又出现更复杂、更高级的类型（复杂化发展）；而更新类型的出现本身又是一个新的起源、一个新的发展。从少到多是横向的开展，关键是方向的分歧；从低级到高级是纵向的上升，关键是水平的提高。分化与复化的纵横交错，形成了生命进化的前进性发展。

另外，进化过程中不但有新物种的产生、种的分化增多和由低级到高级的复化进化，同时也存在着旧种的灭绝、种的数量减少和种的退化。进化的速度也有快有慢，有时爆发式地产生许多新种，有时停滞不前。但是总的进化趋势是从少到多、从低等到高等的分化和复化的发展。

Part 2

无机物·原核生物·真核生物·多细胞生物

地球上的生命是在地球温度逐步下降以后，在极其漫长的时间内，由非生命物质经过极其复杂的化学过程，一步步演变而成。最初的生命是非细胞形态的生命，从非细胞形态到细胞形态、从原核细胞到真核细胞、从单细胞到多细胞是早期进化的最重要的过程。

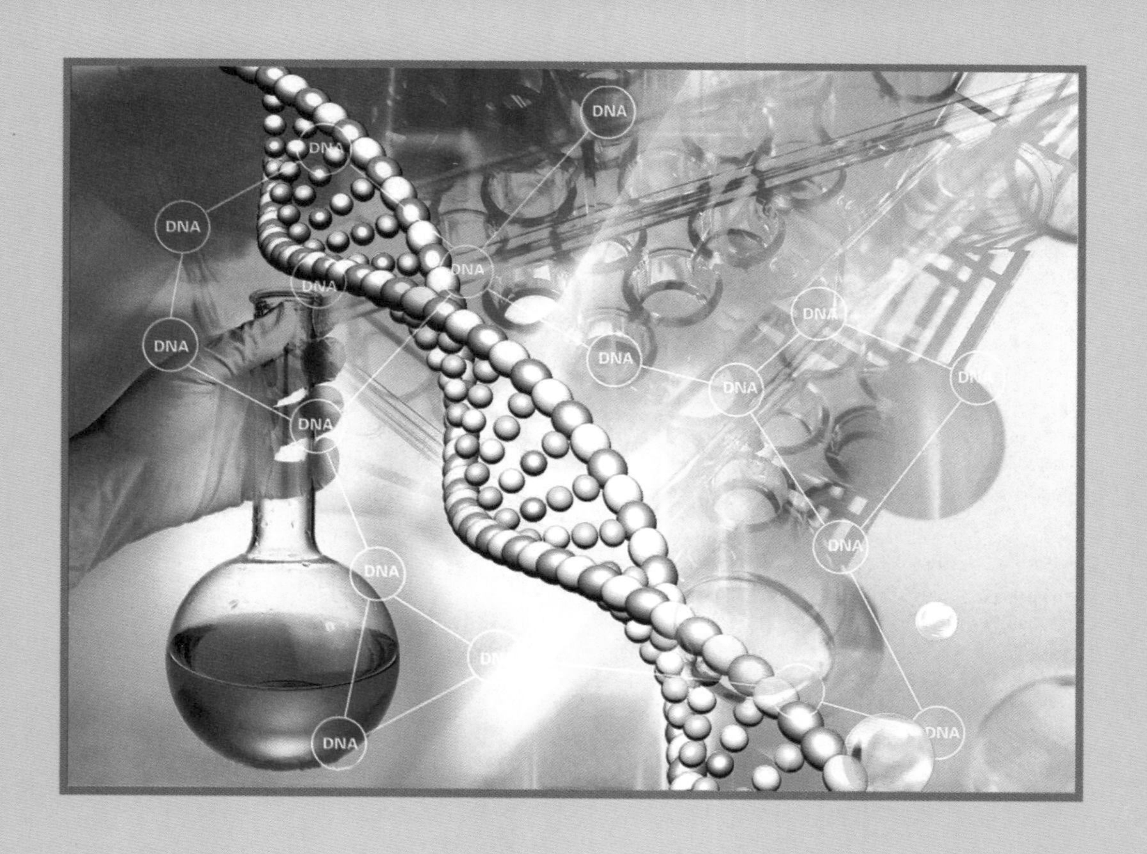

生命的起源——从无机物到有机生命体

在浩瀚的宇宙中，地球看起来确实是一颗独特的星球，一颗最终由生命塑造的星球，一颗如今被70亿人称作家园的星球。然而，在距今大约46亿年前刚刚诞生时，地球却是一个暴烈星球，一个被火山熔岩和有毒气体覆盖、被陨石无情撞击的死亡之地，生命根本不可能存在。那么，生命是如何在地球上出现的呢？

关于生命的起源，自古以来就有多种臆测和假说。神创论认为生物界的所有物种（包括人）以及天体和大地，都是由上帝创造出来；自然发生论认为生物可以随时由非生物产生，或者由另一些截然不同的物体产生；宇生说认为地球上最早的生命或构成生命的有机物来自其他星球或星际尘埃——某些微生物孢子可以附着在星际尘埃颗粒上落入地球，从而使地球有了初始的生命；热泉生态系统论认为生命的起源可能与热泉生态系统有关，其依据是在东太平洋的加拉帕戈斯群岛附近发现的几处深海热泉里生活着众多的生物，包括管栖蠕虫、蛤类和细菌等的生物群落。上述假说中，神创说显然是唯心主义，是不科学的，而其他假说也因为缺乏充分的科学依据而不为人所信服。

目前，化学起源说是被广大学者普遍接受的关于生命起源的假说。该假说认为地球上的生命是在地球温度逐步下降以后，在极其漫长的时间内，由非生命物质经过极其复杂的化学过程一步步演变而成的（图2-1）。化学起源说将生命的起源分为四个阶段。

第一个阶段，从无机小分子生成有机小分子。生命起源的化学进化过程是在原始的地球条件下进行的。原始地球的温度很高，天空中赤日炎炎、电闪雷鸣，地面上火山喷发、熔岩横流；从火山中喷出

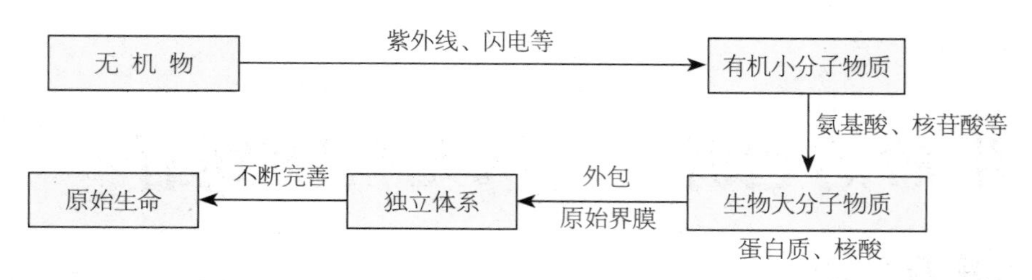

图2-1 生命的化学起源假说

的气体，如水蒸气、氨、甲烷等构成了原始的大气层。原始大气在高温、紫外线以及雷电等自然条件的长期作用下，形成了许多简单的有机物，如各种氨基酸，以及组成生物高分子的其他重要原料，如嘌呤、嘧啶、核糖、脱氧核糖、核苷、核苷酸、脂肪酸等。后来，当地表温度下降后，散布在原始大气里的、达到饱和状态的水蒸气遇冷形成雨水而下降，流到低地就形成了原始海洋。氨基酸等小分子有机物经雨水作用最后汇集在原始海洋中，日久天长，不断积累，使原始海洋含有了丰富的氨基酸、核苷酸、单糖等有机物，为生命的诞生准备了必要的物质条件。米勒的实验验证了化学起源学说的第一阶段（图2-2）。

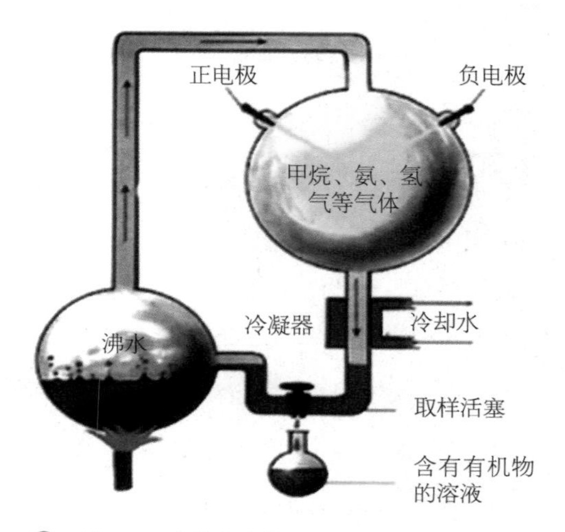

图2-2 米勒实验装置

第二个阶段，由有机小分子物质生成生物大分子物质。原始海洋中的氨基酸、核苷酸、单糖、嘌呤、嘧啶等有机小分子物质经过极其漫长的积累和相互作用，在适当条件下，一些氨基酸通过缩合作用形成原始的蛋白质分子，核苷酸则通过聚合作用形成原始的核酸分子。生命活动的主要体现者——原始的蛋白质和核酸的出现意味着生命从此有了重要的物质基础。

第三个阶段，从生物大分子物质组成多分子体系。以原始蛋白质和核酸为主要成分的高分子有机物，在原始海洋中经过漫长的积累、浓缩、凝集而形成“小滴”，这种“小滴”不溶于水，被称为团聚体或微粒体。它们漂浮在原始海洋中，与海水之间自然形成了一层最原始的界膜，与周围的原始海洋环境分隔开，从而构成具有一定形状的、独立的体系。这种独立的多分子体系能够从周围海洋中吸收物质来扩充和完善自己，同时又能把小滴里面的“废物”排出去，这样就具有了原始的物质交换作用而成为原始生命的萌芽，这是生命起源化学进化过程中的一个很重要的阶段。但这还不具备生命，因为它还没有具备真正的新陈代谢和繁殖等生命的基本特征。

第四个阶段，有机多分子体系演变为原始生命。具有多分子体系特点的“小滴”漂浮在原始海洋中，经历了更加漫长的时间，不断演变，特别是由于蛋白质和核酸这两大主要成分的相互作用，其中一些多分子体系的结构和功能不断地发展，终于形成了能把同化作用和异化作用统一于一体的、具有原始的新陈代谢作用并能进行繁殖的原始生命。这是生命起源过程中最复杂、最有决定意义的阶段，它直接涉及原始生命的发生，是一个飞跃、一个质变阶段。因此，这一阶段的演变过程是生命起源的关键，但目前仅仅是推测，如果能得到证实并能进行模拟的话，那么就意味着能人工合成生命，这将是生命科学上一个重大的突破。

这种具有原始新陈代谢和自我繁殖能力的原始生命的诞生，标志着生命起源化学进化阶段的结束和生命演化阶段的开始。

——地学知识窗——

团聚体假说

团聚体假说是由苏联学者奥巴林提出的，他通过实验发现，将蛋白质、多肽核酸和多糖等放在合适的溶液中，它们能自动地浓缩聚集为分散的球状小滴，这些小滴就是团聚体。奥巴林等人认为，团聚体可以表现出合成、分解、生长、生殖等生命现象，例如，团聚体具有类似于膜那样的边界，其内部的化学特征显著地区别于外部的溶液环境；团聚体能从外部溶液中吸入某些分子作为反应物，还能在酶的催化作用下发生特定的生化反应，反应的产物也能从团聚体中释放出去。

从原核生物到真核生物

生物进化最重要的一个过程就是由原核生物到真核生物的发展演化。在生命起源之初，最先形成的简单的原始生命是原核细胞生物（图2-3）。原核细胞生物由原核细胞组成，这类细胞的主要特征是没有以核膜为界的细胞核，也没有核仁，只有拟核，进化地位较低。

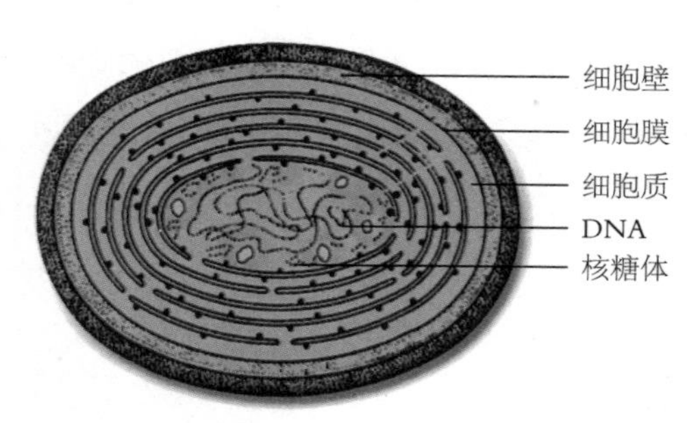

图2-3　原核细胞（蓝藻）

目前的化石证据表明，地球上最早出现的可能是细菌和蓝藻这类原核细胞生物。在澳大利亚北部的匹尔巴拉地区，距今35亿年的轻变质的硅质叠层石中发现了一些丝状细菌（图2-4）和蓝藻的遗骸。在非洲南部斯威士兰系中也发现了200多个古细胞，它与原核藻细胞相似，平均只有2.5微米，其中1/4的细胞处于细胞分裂繁殖阶段，这些化石距今有34亿年之久。在南非还发现了一种古杆状细菌和蓝藻，它们具有最原始、最简单的细胞结构，即有一层细胞膜，核物质在膜内相对集中，但未形成细胞核，而只有原生质，可以归为原核细胞，其年代为距今32亿年前。

原核生物的代表是蓝藻，它的体积非常小，以二分裂的方式繁殖后代，即一分为二、二分为四、四分为八……且每20分钟可繁殖一代，故繁殖速度非常快。也有人称蓝藻为蓝细菌。蓝藻的细胞内有叶绿素，可以吸收太阳光和二氧化碳，并经光合作用而制造出有机物供自身利用。蓝

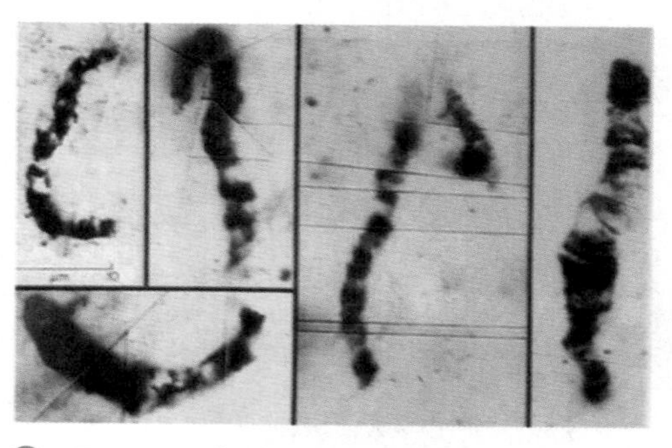

图2-4　距今35亿年前的丝状细菌化石

——地学知识窗——

叠层石

泛指主要由蓝藻及其他菌藻的生物作用和无机沉积作用相互作用而形成的一种生物—沉积构造体，常呈同心状叠层体，故命名为叠层石。叠层石的形态、大小变化很大，常见形状为柱状、锥状、层状、板状、穹状、波状、半球状或球状等，分叉或不分叉。叠层石的基本层由一层暗层（富藻有机层）和一层亮层（无机沉积层）组成。

藻的出现改变了地球的命运，尽管它非常小，只有在显微镜下才能看到，但它繁殖很快，所以数量惊人。蓝藻不断地吸收大气层中的二氧化碳并释放出氧气，这些氧气与大气层中的甲烷作用，变成二氧化碳和水；和氨结合就成了氮气和水；与硫化氢相遇，就形成水和二氧化硫；进而形成硫酸溶入水中，从而逐渐改变了大气层的成分。

真核生物主要进行有氧代谢，因此只有在蓝藻出现后，大气圈中的氧气积累达到一定浓度时，需要氧气的真核生物才会产生；由于真核生物不能抵御强烈的紫外线和宇宙射线，所以其只有在地球形成臭氧层之后，才能生长和繁衍。综合以上两点，可知真核生物出现应该晚于原核生物。最早的真核生物化石发现于距今20亿～16亿年前的地层中，如加拿大南部的冈弗林特燧石层和我国长城群串岭沟页岩中的化石。真核细胞相较于原核细胞不仅增加了细胞核，核内有核仁、核液和染色体，而且它的细胞质中还有线粒体、内质网、高尔基体、溶酶体等，这比原核细胞复杂许多（图2−5）。所增加的各种结构之间既有分工，又有合作，从而在生长、发育、遗传及新陈代谢等方面有了更强大的功能，而细胞核就是遗传信息储存、复制、转录和控制整个细胞新陈代谢活动的主要场所。真核细胞的出现是生物进化史上一次大的飞跃。因为除了蓝藻和细菌等种类之外，现代所有生物几乎都由真核细胞组成。更重要的是，它还能进一步发展为多细胞，为进化出各种更高等的生物打下了基础。

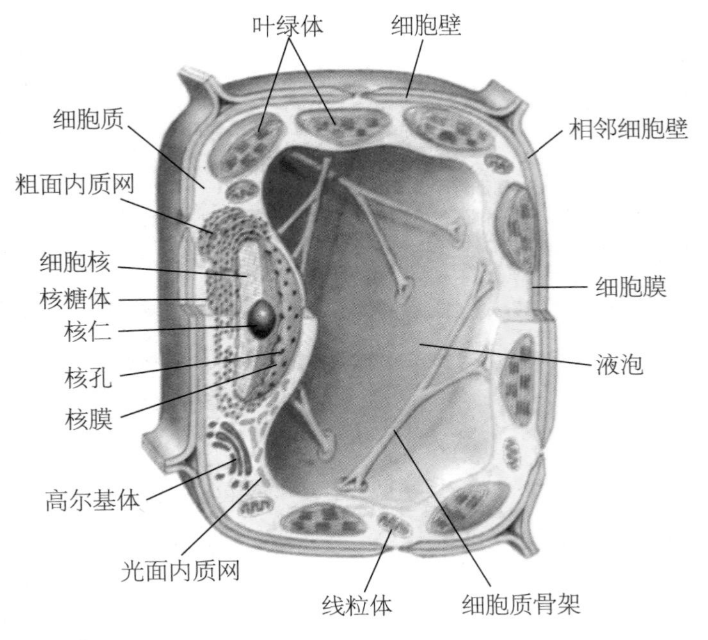

图2-5　植物细胞（真核细胞）

关于真核细胞的产生，有不同的假说，但多数科学家倾向于“内共生”假说。所谓内共生就是根据自然界中比较普遍地存在的细胞内共生这一现象，认为一些细胞器也是通过细胞内共生的过程而起源的。设想一种较大的单细胞生物“吞食”了另一种较小的单细胞生物，两者首先建立起内共生的关系，然后在细胞进化的过程中，被“吞食”的小细胞逐步高度特化，不能再在细胞外长期生存，从而就成为了细胞内的一种具有专门功能的细胞器。内共生假说认为当一些原核细胞内的原核质集中时，会形成较原始的细胞核，这类较进化的“有核”细胞个体较大，具有吞噬能力，能把一些呼吸氧气的细菌吞噬进其细胞内成为它的线粒体，而一些蓝藻被吞进去后成为它的叶绿体。于是细胞逐渐增大，内部组织变得更复杂，功能开始多样化（图2-6）。

随着古元古代真核细胞藻类的出现，中元古代迎来了藻类的空前繁盛。单细胞生物数量剧增，必然引起细胞间质的分化，促使单细胞生物向群体、多细胞生物方向进化。

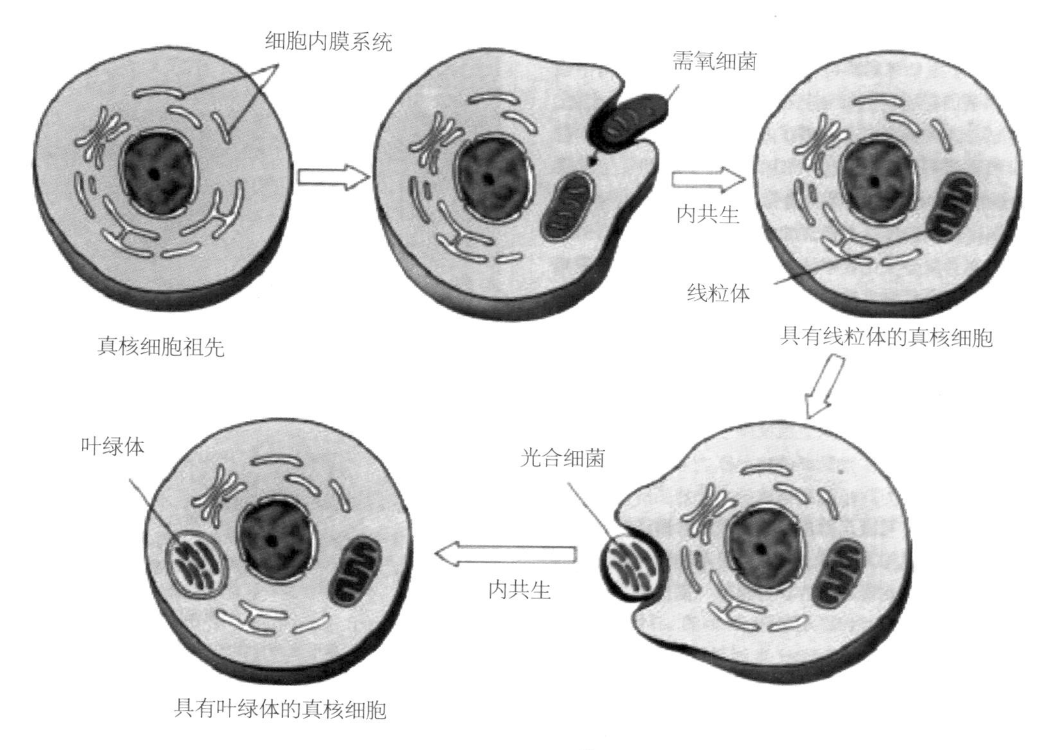

图2-6 真核细胞的起源——内共生假说

从原核生物到真核生物的演变在生物进化发展过程中具有十分重大的意义。生物界进而由异养的细菌和自养的蓝藻组成的两极生态系统发展为以菌类、植物、动物为主的三极生态系统。

从单细胞生物到多细胞生物

物可以根据构成的细胞数目分为单细胞生物和多细胞生物。地球上已知的单细胞生物首次出现在距今35亿年之前，它以原核生物的形式存在。单细胞生物在整个生物界中属最低等最原始的生物，包括细菌、蓝藻、原生动物、单细

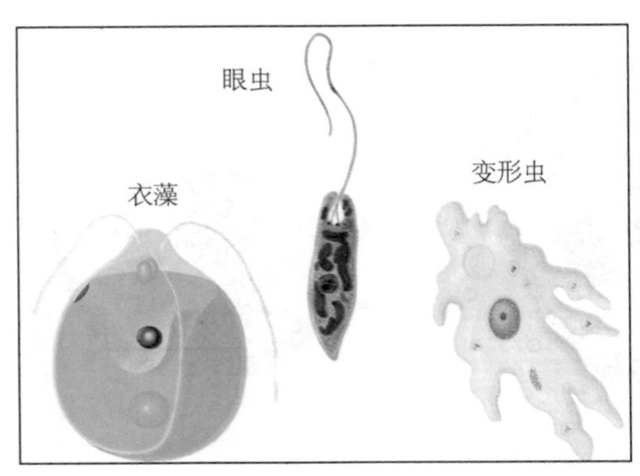

图2-7　几种单细胞生物

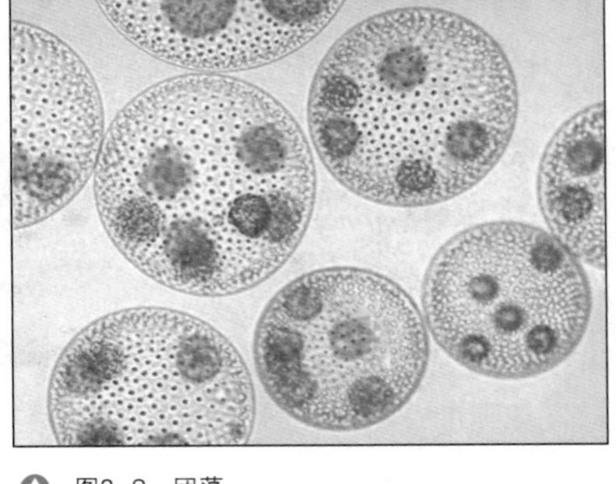

图2-8　团藻

胞藻类和部分真菌等（图2-7）。

多细胞生物是相对于单细胞生物而言的，指由多个、分化的细胞组成的生物体，但其生命开始于一个细胞——受精卵，经过细胞的分裂和分化，最后发育成成熟个体，分化的细胞各有不同的专门功能。在许多分化细胞的密切配合下，生物体能完成一系列复杂的生命活动，如免疫等。最早的多细胞生物大约起源于距今21亿年前。这就是说，从单细胞进化到多细胞，用了差不多14亿年的时间。

多细胞生物与单细胞生物的根本区别，是出现了细胞分化和执行不同功能的分化细胞之间形成了相互依赖、更加适应环境的整体结构，并且由于细胞的分化，使得生物具有了比较完善的生殖结构，有性生殖的完善，也使得生物的变异速率大大提升，生物界日益繁荣。

一般认为，现今的多细胞生物是分别从几类单细胞生物祖先起源的。海藻可能来自三种或更多种古代单细胞生物，其他植物可能起源于绿藻中的一个分支，真菌和动物可能来自共同的单细胞生物祖先。由单细胞生物经过群体生物再进化到多细胞生物的模式推测有三个过程：第一阶段，单细胞生物细胞分裂后不分离而形成群体。如现今的团藻（图2-8），是由60万个有鞭毛的细胞排列成单层、中空的球体构成的集群，细胞分裂时产生的子群体暂时漂浮在母球体中心，当母球破裂时，它们便被释放出来，甚至某些种类的团藻还表现了性的差异（体细胞和配子）。第二阶段，群体中的细胞逐渐分化，既有分工，又互相依靠。如有鞭毛的细胞行使运动功能，丢失鞭毛的细胞行使摄食或制造食物的功能。第三阶段，群体中另外的细胞各自分化、发展为体细胞和性细胞。

在地球生物史上，由单细胞生物向多细胞生物的转变无疑是极为关键的一步，是从低级向高级发展的一个重要过程，并在很大程度上改变了地球的生态面貌。

——地学知识窗——

真菌的起源与进化

真菌是一类特殊的异养生物，有些学者认为它们是从藻类植物通过多元演化而来，也有学者认为它们是从原始水生生物——鞭毛生物直接演化而来。多数学者认为真菌的进化是由水生向陆生方向发展的，原始类型具水生游动孢子，带1根或2根鞭毛；在陆生类群中，有些种类在无性生殖时仍产生游动孢子，但多数种类是通过一些特殊的静孢子进行传播和繁殖的。在高级真菌中，有性生殖过程向着不同方向特化，如形成特殊的子囊果、担子果等。

真菌植物可能出现在寒武纪以前。真菌的化石通常是在寄生状态下保存的，在硅化的木材或皮层中，可以发现完好的菌丝体或生殖器官，具有厚壁的真菌孢子化石很常见。由于真菌寄生异养的习性，它的发展和动、植物有相当密切的联系，在白垩纪以后大量出现，也可能与被子植物的兴起有关。

Part 3 水生植物·陆生植物

植物的演化是一个连续发展的过程，即从最简单、最原始的原核生物一直到最复杂、最高等的被子植物，每一阶段都有化石证据作为支持。在漫长的地质历史时期，出现过千姿百态的植物，这些植物，有的已经灭绝了，成为地球生物史上的过客；有的延续至今，一直为我们的地球披着浓重的绿装。

低等植物的发生和演化——藻类植物

低等植物尤其是藻类植物（图3-1），是地球上最早出现的植物，从古太古代开始，经历整个元古宙一直到早古生代志留纪，长达32亿年的时间都是藻类植物发展和繁盛的时期。

细菌和蓝藻是最原始的类群，它们都属于原核生物。蓝藻在距今35亿年前就已在地球上出现，并在前寒武纪得到迅速发展，在距今约19亿年前，地球表面主要是蓝藻的世界，一直到距今大约7亿年前，蓝藻才出现了明显的衰落。根据现有化石资料看，整个太古代出现的最原始蓝藻是一些单细胞个体，直到距今17亿年前后，才出现了多细胞群体和带异形胞的丝状体蓝藻，说明它们的细胞开始有了某些生理上的分工和形态上的分化，出现了专门的营养细胞和生殖细胞，以后进一步发展，一些种类可以生活于潮湿的岩石或树

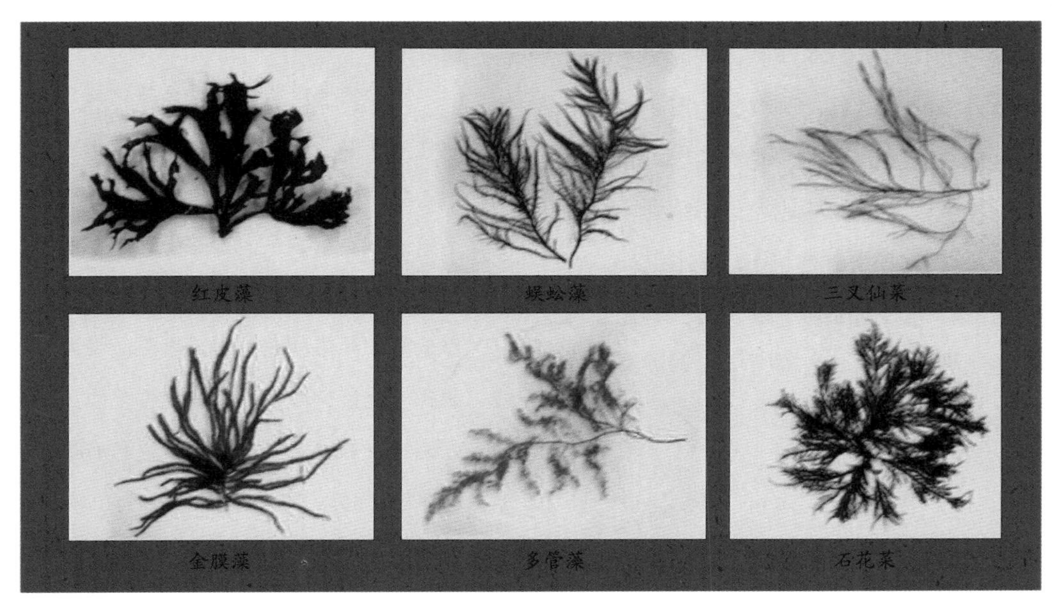

图3-1 红藻门代表植物

木上，说明它们已经能够适应陆地生活。在蓝藻时代，蓝藻通过直接或间接作用，改造了地球环境，从而为真核生物的起源和高等生物的进化发展创造了条件。

真核藻类植物也是从单细胞个体发展到单细胞群体，再向多细胞方向发展的。在多细胞的真核藻类中，早期主要为丝状体，再进一步发展便出现了组织结构的分化，到寒武纪开始时，各大类群藻类的进化已基本形成。

从水生到陆生的过渡——苔藓植物和裸蕨植物

到距今约4.16亿年前的志留纪末期，地球的表面环境发生了很大的变化，大气中游离氧的浓度已达到现代大气氧含量的10%，并在地面上空形成了能吸收紫外线的臭氧层，臭氧层的形成减少了紫外线对生物的伤害，使得生物可以安全离开水域，生活在陆地上；一系列剧烈的地壳运动，使得陆地上升，海水退却，许多地区转变为低湿的平原，海滨、丘陵地带也出现了洼地，土壤肥沃，气候湿热，这些都为植物由水域向陆地发展创造了条件。

植物从水生过渡到陆生，面临着一个全新的环境，因而必须在植物体形态、结构和功能上进行一系列变革才能适应新

——地学知识窗——

维管束

维管束指维管植物（包括蕨类植物、裸子植物和被子植物）的维管组织，由木质部和韧皮部呈束状排列形成的结构。维管束多存在于茎（草本植物和木本植物幼体）、叶（叶中的维管束又称为叶脉）等器官中。维管束相互连接构成维管系统，主要作用是为植物体输导水分、无机盐和有机养料等，也有支持植物体的作用。

的环境。首先要具备吸取土壤水分的器官——根，并要产生防止体内水分损失的体表角质层，但角质层（有时角质层外还有蜡质层）同时阻碍了植物组织与外界的气体交换，因此，与角质层相关的适应进化是气孔结构的产生。除此以外，对光照的竞争使植物体向高大的方向发展，从而推动了输导组织和机械组织的进化，最初是具有局部增厚的木质化的输导细胞和有利于营养物质运输的筛胞的产生，以后又进一步分化出导管和筛管。这一系列结构和功能上的进化，使植物具备了调节和控制体内外水分平衡的能力，具备了有效运输水分和营养物质的能力及足够的支撑力，从而能够适应陆地的干旱环境。植物有性生殖器官为适应陆生环境也有了一系列变化，藻类植物性器官的所有组成细胞都是可育的，都能产生孢子，而陆生植物性器官的最外层细胞则转变为不育性细胞，失去生殖能力，主要起保护作用。合子产生后，在母体上发育成胚，从而进一步加强了对后代的保护。

由于苔藓植物不易形成化石，因此它们最早出现的时间目前尚不清楚，目前发现的最早的苔藓植物配子体化石出现于泥盆纪。苔藓植物虽已有了茎、叶的分化，但没有发达的维管组织，没有真正的根，主要靠假根固着于地面。假根兼有吸收作用。另外，苔藓植物的配子体发达，而孢子体退化不能独立生活，再加上有性生殖过程离不开水，这就大大限制了苔藓植物的发展，限制了苔藓植物对陆地环境的适应能力，因而至今苔藓植物都保持了矮小的体态，并只能生活在陆地阴湿的环境中，成为陆生植物发展中的一个旁支。

现有化石资料表明，地球上最早出现的陆地维管植物是一类称为裸蕨的植物。这类植物还没有真正的根、茎、叶的分化，植物体是由地上二叉分枝的主轴和地下毛发状的假根组成，轴中央有极细弱的维管组织，轴表层有角质层和气孔，并有表皮细胞突出轴面，在主轴和侧枝的顶端生有孢子囊，囊壁由多层细胞组成，以孢子繁殖。裸蕨植物最早出现于志留纪，在早、中泥盆世盛极一时，是当时地面上最占优势的陆生植物。已知的裸蕨植物大致分为三种类型，即莱尼蕨型、工蕨型和裸蕨型。它们出现的时间不完全相同，其中莱尼蕨型被认为是最早出现的原始代表类型，工蕨只生存于早泥盆世，而裸蕨型植物则被认为是由最早的莱尼蕨型植物经过演化形成的，其植物体比莱尼蕨型更加粗壮，结构也更复杂（图3-2）。到泥盆纪末期，地壳发生大的变动，陆地进一步上升，气候变得更加干旱，裸蕨植物不能适应改变了的新环境，而趋于灭绝，盛极一时的裸蕨植物让位于分化更完善、更能适应陆地生长的其他维管植物。

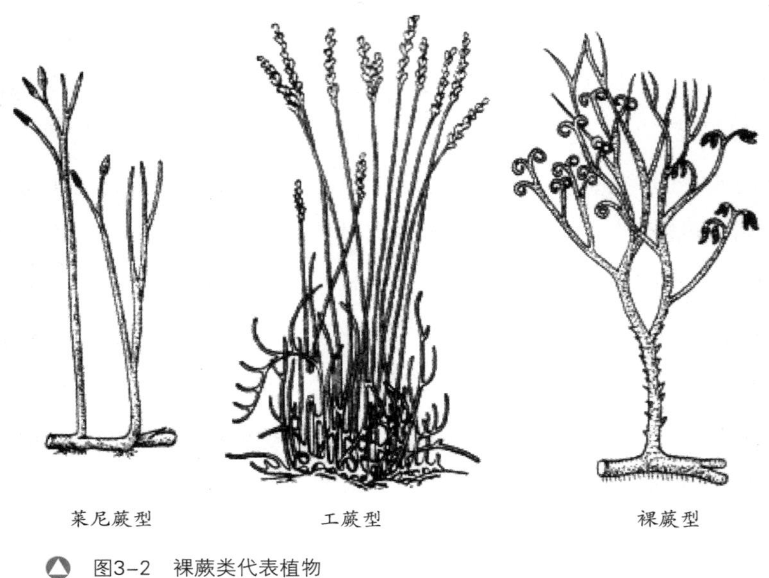

图3-2　裸蕨类代表植物

地球上最早的陆生植物——蕨类植物

蕨类植物起源于早、中泥盆世的裸蕨植物，在石炭纪和早二叠世，蕨类植物得到极大发展，并基本是朝着石松类、木贼类和真蕨类三个方向演化。因此，石松、木贼和真蕨这三大类植物虽然都起源于裸蕨植物，但它们之间的亲缘关系比较疏远，现代石松、木贼和真蕨类植物在形态结构上存在较大差异，这正是由于它们向不同方向适应发展的结果。

石松类是蕨类植物中最古老的一个类群。石松类植物向两个不同方向发展，一是向草本方向发展，经过漫长演化，发展成现存的石松和卷柏两大类；另一个向木本方向发展，特别是在晚泥盆世，乔木型的石松在沼泽和潮湿地区大量繁殖，是当时沼泽森林最重要的代表植物和主要造煤植物。而到二叠纪初期，由于发生了一些大的地质变动，地球表面的气候日趋干旱，这使得木本石松类植物因不能适应环境变化而趋于灭绝。到中生代三叠纪，古生代的木本石松类几乎全部灭绝。中生代的石松类主要是草本植物。

星木为原始石松类的代表之一，从植物体形态结构上看，它与裸蕨有一些相似之处，但孢子体分化程度更高，横卧的根状茎上生有分枝的根，以代替假根；茎上密生螺旋状排列的细长鳞片状突出物，能进行光合作用，与叶的机能相同；茎的解剖构造和现代石松类植物很相似，具原生中柱，木质部在横切面上呈星芒状，故称之为星木（图3–3）。

图3–3 星木复原模型

木贼类植物差不多是与石松类植物平行发展的。木贼类起源于早泥盆世，在石炭纪、二叠纪达到鼎盛阶段，属种很多，而且包括不少高大乔木，在当时陆地生物群落和造煤过程中都充当过重要角色。自中生代起，木贼类迅速衰退，到新生代处于更加微弱的地位，现存的木贼类植物只有一个属——木贼属，有30余种，全为草本，它们是长期自然选择的“幸存者”。

木贼类古老的代表为起始于早泥盆世末期，兴盛于中泥盆世的海尼蕨属和古芦木属（图3–4），它们被看成是介于裸蕨植物和典型木贼类之间的过渡类型。它们的茎干为二叉分枝，不像现存的木贼类，而接近于裸蕨植物；但茎枝上有节的分化，叶在茎枝上近似轮状排列，尤其是

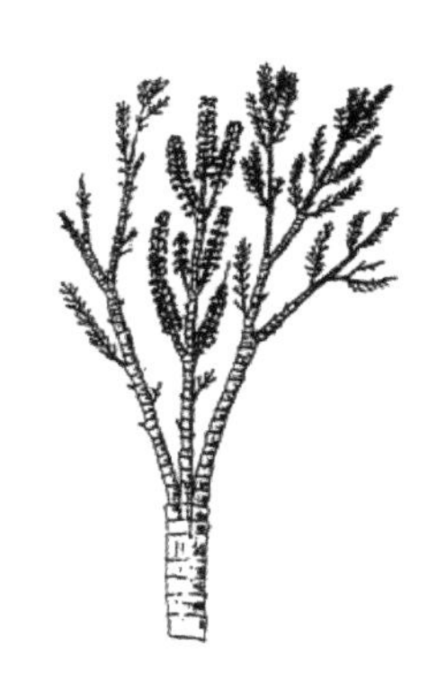

图3–4 海尼蕨属和古芦木属植物复原图

具孢子囊的生殖小枝组成的疏松的穗状，孢子囊倒生并悬垂于反卷的小枝顶端，这与现代木贼的孢子囊倒生于孢囊柄上的情况非常相似。在晚古生代，地球上生长的木贼类植物不仅有草本类型，而且还有大型乔木类型，成为石炭纪、二叠纪沼泽森林和当时造煤作用的主要植物种类。

真蕨类植物最早出现于泥盆纪，早石炭世开始繁盛。当二叠纪与三叠纪之交的干旱气候来临时，绝大多数真蕨类植物因不能适应新环境而从地球上消失了，但当三叠纪末至早侏罗世期间气候再度变得温暖湿润时，许多新真蕨植物从一些古代真蕨的残遗类群中辐射分化出来，并且迅速获得了前所未有的大发展，其中不少科、属一直繁衍到现代。发现于我国云南省泥盆纪地层中的小原始蕨是从裸蕨植物发展到更进化的典型真蕨植物的中间环节或过渡类型的一个代表；出现于早石炭世的帚枝木则代表了从裸蕨植物演化到典型真蕨植物的另一个阶段。

根据现有资料推测，真蕨类植物与石松类及木贼类一样，是在中泥盆世或早、中泥盆世之交起源于裸蕨植物的，但在较后阶段，真蕨类植物体的侧枝演化为大型叶，同时在茎枝内部发展出管状中柱型的输导系统，这是与其他蕨类植物的不同之处。

真正的陆生植物——裸子植物

在早二叠世，地球表面大部分地区出现酷热、干旱的气候环境。裸子植物种子的形成在很大程度上提高了胚对不良环境的抵抗能力，加强了保护作用；配子体进一步简化，寄生在孢子体上，并通过花粉管将精子送到颈卵器中，与卵结合，完成受精作用，彻底摆脱了受精过程对水的依赖，大大加强了裸子植物适应陆生环境的能力；裸子植物孢子体的形态和结构进一步向适应陆生环境的方向发展，庞大直根系的形成使裸子植物能更有效地利用土壤深层水；叶大多呈针状或鳞片状，表层覆盖有厚的角质层，气孔下陷，减少了水分的蒸腾。这些适应性特征使它们取代蕨类植物成为当时地球表面植被的主角。

化石资料表明，裸子植物出现于中、晚泥盆世，原始的裸子植物尚未具备裸子植物全部的基本特征。中泥盆世的无脉蕨是原始裸子植物的一个代表，它是一种高大乔木，茎顶端有一个由许多分枝组成的树冠，其末级“细枝”的形状就像分叉的叶片，但其中无叶脉；孢子囊小而呈卵形，生于末级“细枝”之上；茎干内部具次生木质组织，这种组织由带具缘纹孔的管胞组成。它没有发达的主根，只有许多细弱的侧根。

古羊齿（图3–5）是晚泥盆世特有的一群较为进化的原始裸子植物的代表，是高达18米以上的塔形乔木。茎的最大直径为1.5米，茎干具有次生生长组织；输导组织中的木质成分是带具缘纹孔的管胞；茎干顶端有一个由枝叶组成的树冠；叶是扁平而宽大的羽状复叶；根系较无脉蕨发达；孢子囊单个或成束着生在不具叶片的小羽片上，孢子囊内有大、小两种孢子。根据对古羊齿外部形态和维管系统解剖的研究，证明这种原始裸子植物的叶是一种复杂的“枝系统”，说明古羊齿与真蕨类植物的叶具有相同的起源。尽管古羊齿仍

图3–5　古羊齿化石及复原图

是以孢子进行繁殖的，但它的外部形态、内部结构和生殖器官特征更接近裸子植物，因而推测它可能是蕨类植物向裸子植物演化的过渡类型，即前裸子植物。

到了石炭纪、二叠纪时，由前裸子植物演化出更高级的类型——种子蕨和科达树等。种子蕨是一种最原始的种子植物，最早出现于早石炭世的地层中，在晚石炭世和二叠纪得到了极大发展，是当时陆生植被中的优势类群。种子蕨植物体主茎很少分枝，叶为多回羽状复叶；形成胚珠；种子小型（图3-6）。种子蕨是介于真蕨类植物和种子植物之间的一个过渡类型，但种子蕨并不是从真蕨起源的，而是从起源于裸蕨的前裸子植物演化而来。

在石炭纪、二叠纪的地球植被中，还有一类高大乔木状的种子植物科达树类，其植物体茎干内部构造与种子蕨相似，但木质部较发达而致密，通常无年轮，髓由许多薄壁细胞横裂成片组成；具有较发达的根系和高大树冠；单叶，其上有许多粗细相等、分叉的、几乎是平行的叶脉（图3-7）；大、小孢子叶球分别组成松散的孢子叶球序，并在大、小孢子叶球的基部有多数不育的苞片；胚珠顶生，珠心和珠被完全分离。科达树植物在胚珠结构、叶的形态与结构等方面与种子蕨相似，而茎的构造和孢子叶的形态等又类似现有的裸子植物。

根据现有的裸子植物化石资料，现存的裸子植物都是由前裸子植物沿两个方向演化而来，一是由古羊齿经过复杂分枝和次生组织的发育，在石炭纪形成科达树类，再进一步发展成银杏类和松柏类，现存的裸子植物大多属于此类；另一枝则由无脉蕨经过侧枝简化，形成种子蕨，再进一步发展成为本内苏铁类和苏铁类，其中本内苏铁类在白垩纪后期灭绝。至于买麻藤纲植物的起源和系统地位，至今尚存争议，根据它们的形体结构和明显分节，被认为与木贼类植物有一定亲缘关系；但从它们孢子叶球结构来看，其祖先曾具有两性孢子叶球，而具有两性孢子叶球的植物，只有起源于种子蕨的本内苏铁类。它们的孢子叶球二叉分枝和具有珠孔管等特点说明买麻藤纲植物很可能是强烈退化和特化了的本内苏铁类植物的后裔，但买麻藤植物茎内维管组织具导管、精子无鞭毛、颈卵器趋于消失、形成类似花被的结构和具有虫媒传粉方式等，又与被子植物相似。

图3-6 种子蕨复原图及其特征

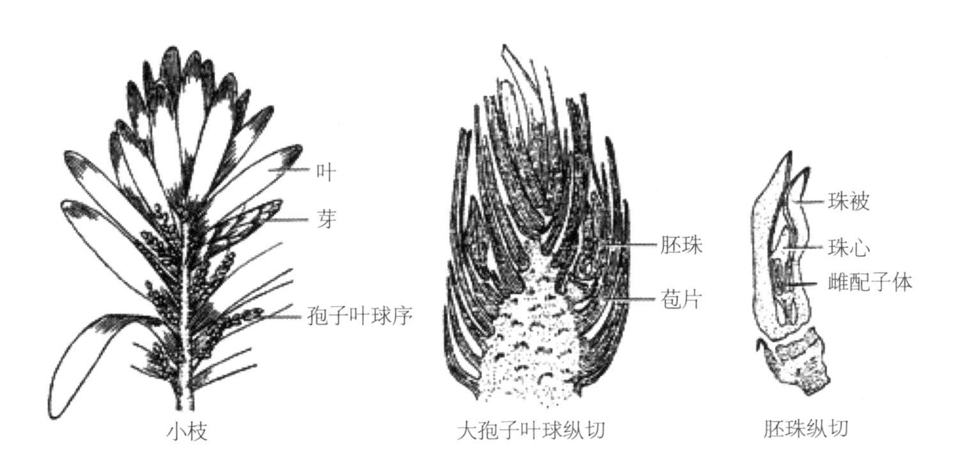

图3-7 科达树复原图及其特征

——地学知识窗——

石炭纪的植物是怎样变成煤炭的

由于石炭纪的植物种类繁多，生长迅速，它们死后即便有一部分很快腐烂，但仍有许多枝干倒伏后避免了风化作用和微生物的破坏。石炭纪森林的不少林地是被水浸泡着的沼泽地，死亡后的植物枝干很快会下沉到稀泥中，这实际上是一种封闭的还原环境，在这种环境中植物枝干避免了外界的破坏，并在压实作用和其他作用下缓慢地演变成泥炭。年复一年，由植物形成的泥炭在地层中得到保存，并又经历了成煤作用后成为初级的煤炭——褐煤。褐煤是一种劣质煤，再经过长时间的压实后，才能形成真正意义上的煤——烟煤。褐煤转化成烟煤要付出巨大的“代价”，据地质学家们推算，0.3米厚的烟煤需要至少6米厚的像褐煤这样的植物质压缩而成。

陆生植物的霸主——被子植物

被子植物是植物界中最晚发生，又最具生命力的植物类群。全世界有被子植物400多科、10 000多属、260 000多种（科、属、种数目依不同的被子植物分类系统略有变化）。被子植物占据着现代地球大部分陆地空间，是世界植被的主要组成。在我国辽宁凌源县发现的李氏果植物化石，是迄今发现的最早的双子叶被子植物化石（图3-8），从而证实了1.24亿年前地球上有花。被子植物之所以兴盛，一是它起源较晚，发展较快，是一个新兴类群；二是它具有各种更加完善的适应性特征，能在各种环境中生存。被子植物具有果实，是由雌蕊的子房形成的，雌蕊由心皮构成，心皮相当于大孢子叶。果实是裸子植物所不具备的，其产生的重要意义是子代幼体得到了更好保护。果实还具有适应传播的各种结构和功能，

图3-8 李氏果化石

——地学知识窗——

双受精

指被子植物的雄配子体形成的两个精子，一个与卵细胞融合形成二倍体的受精卵，发育成胚；另一个与中央细胞的极核（通常两个）融合形成受精极核，发育成胚乳。

对于繁衍后代有着重要意义。双受精作用是被子植物特有的，这可以使子代发生变异的概率更大，生命力更强，适应性更为广泛。被子植物配子体比裸子植物要退化得多，在整个生活周期中所占比例也要短得多，符合世代交替演化的一般规律。被子植物的输导组织由输导能力强的导管代替了输导能力差的管胞，形成了适应陆地生活的有效输导系统。正是由于被子植物在形态、结构、生活性等方面比其他类植物更完善化、多样化，能够适应各种生境，因此种类丰富，遍布全球。

地质历史资料表明，被子植物在中生代后期大量出现。目前，不同学者对被子植物最原始的类群、双子叶植物和单子叶植物各自亲缘关系最近类群及其对系统演化树的理解意见分歧非常大，而这些问题是解决被子植物起源与演化的关键所在。因此，对于被子植物的起源存在着多种假说。真花学说认为，被子植物起源于原始的已灭绝了的本内苏铁类裸子植物，这种植物具有两性的孢子叶球。假花学说认为，被子植物的花是由裸子植物的孢子叶球演化而来的。上述两派各持已见、互不相让，但都没有足够的证据来说服对方。

Part 4 无脊椎动物·脊椎动物

动物的进化是从简单到复杂，从低等到高等，从水生到陆生，一步一步地演变来的。陆地上的自然环境多姿多彩，为动物的进化开辟了新的适应方向。爬行动物在陆地出现以后，向各个方向辐射、进化，更高级的鸟类和哺乳类应运而生。

海洋无脊椎动物

无脊椎动物是背侧没有脊椎的动物，它们是动物的原始形式。其种类数占动物总种类数的95%，分布于世界各地，现存100余万种。包括原生动物、腔肠动物、扁形动物、线形动物、环节动物、软体动物、节肢动物、棘皮动物等。

地球上无脊椎动物的出现至少早于脊椎动物1亿年，大多数无脊椎动物化石始见于古生代寒武纪地层。寒武纪是海洋生物界第一次大发展的时期，当时出现了丰富多样且比较高级的海洋无脊椎动物。目前在寒武纪地层中已发现动物化石2 500多种，无脊椎动物的许多高级门类如软体动物、节肢动物、棘皮动物、腕足动物、笔石动物等都有代表。其中最多的是节肢动物中的三叶虫（图4-1），其数量占寒武纪生物分类总数的60%～70%，故寒武纪又称“三叶虫时代”；其次为腕足动物，占20%～30%；其他无脊椎动物占10%～15%，包括海绵动物、古杯动物、腔肠动物（如珊瑚）、环节动物、软体动物（如鹦鹉螺）、棘皮动物、笔石动物等。

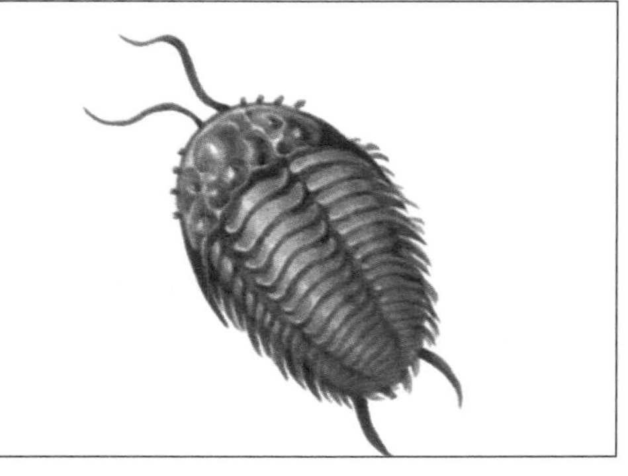

图4-1　三叶虫化石及复原图

图4-2 海百合化石

奥陶纪的海洋生物界较寒武纪更为繁盛，海生无脊椎动物空前发展，主要生物种类除三叶虫外，还有笔石、头足类、牙形刺动物、腕足类、腹足类等，奥陶纪还出现了原始的鱼类。当时的海洋中，各式各样的笔石随处漂荡，各种鹦鹉螺四处觅食，三叶虫及腕足类在海百合（图4-2）组成的“丛林”中缓缓爬游，还有许多蠕虫类藏匿在藻丛和泥沙中，呈现出一派生机勃勃的景象。因此说，早古生代是海生无脊椎动物空前繁盛的时代。

古生代和中生代时期，一类凶猛的肉食动物曾在海洋中对其他海生动物构成极大的威胁，主要是头足类动物，它们是软体动物门中最高级的一个纲，因足位于头部而得名，现生的乌贼、章鱼、鹦鹉螺等均属此纲。头足纲动物又有内壳类和外壳类之分，而有大量古生物化石记录的主要是外壳类动物，山东奥陶纪地层中的角石就是典型代表。

顾名思义，角石外壳的形状有点像动物的角，多数种类的外壳是直的，其余种类的外壳则是弯的或盘曲的（图4-3）。角石死亡以后，肉体通常很快会腐烂，只有硬壳才能够保存成为化石。角石壳的外表不一定都是光滑的，许多种类壳的表面生出不同的纹饰，如结节、瘤、横纹、竖纹等。体内膈壁、体管等构造也有很大的不同。我国角石化石资源非常丰富，如北方奥陶纪地层中的鄂尔多斯文角石、阿门角石、灰角石，南方奥陶纪地层中的震旦角石、盘角石等都是代表性属种，它们长期以来被有效地应用于划分对比地层中。

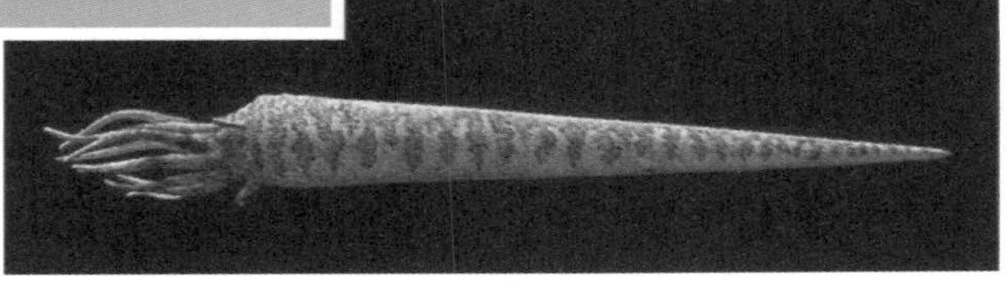

图4-3 角石化石及复原图

海生无脊椎动物在志留纪时仍占重要地位，但各门类的种属更替和内部组分都有所变化。腔肠动物中的珊瑚纲进一步繁盛；腕足动物内部结构变得更加复杂，如五房贝目、石燕贝目、小嘴贝目得到了发展；软体动物头足纲中的鹦鹉螺类显著减少，而双壳纲、腹足纲则逐步发展；节肢动物中的三叶虫开始衰退，但蛛形目和介形目大量发展；棘皮动物中的海林檎类数量锐减，海百合类在志留纪大量出现。到古生代末期，古老类型大规模灭绝。中生代还存在软体动物的古老类型，如菊石（图4-4），属头足纲的一个亚纲，因它的表面通常具有类似菊花的线纹而得名。它最早出现在古生代泥盆纪初期，繁盛于中生代，在三叠纪广泛分布于世界各地的

图4-4 菊石化石

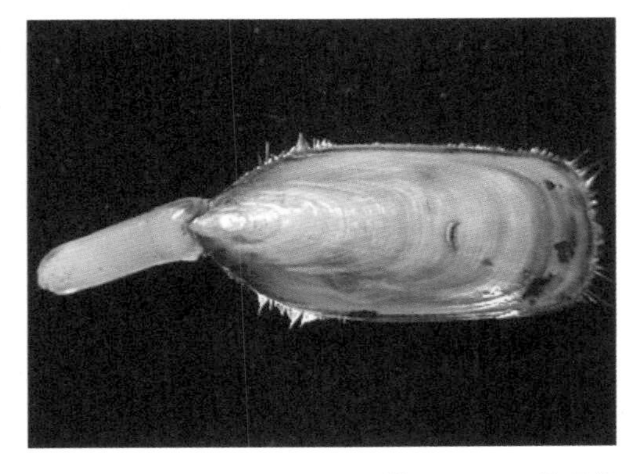

图4-5 海豆芽

海洋中，到白垩纪末期绝迹。之后，现代属种的软体动物大量出现，到新生代演化成现代类型众多的无脊椎动物。而在古生代盛极一时的腕足动物至今只残存少数种类，如海豆芽（图4–5）。

脊椎动物的开端——鱼类时代

鱼类的直接祖先目前尚无化石证据，因此，鱼类的起源只能追溯到奥陶纪以前生活过的原始有头类。它们的后裔分支发展为无颌的甲胄类和有颌的鱼类（图4–6）。

无颌类是最早的脊椎动物，在进化位置上应该比真正最早的鱼类更原始。最早的无颌类出现在早古生代的海洋里，距今4.4亿年，是当时海洋的霸主。它们头部没有颌，口如吸盘，还不能咀嚼食物，

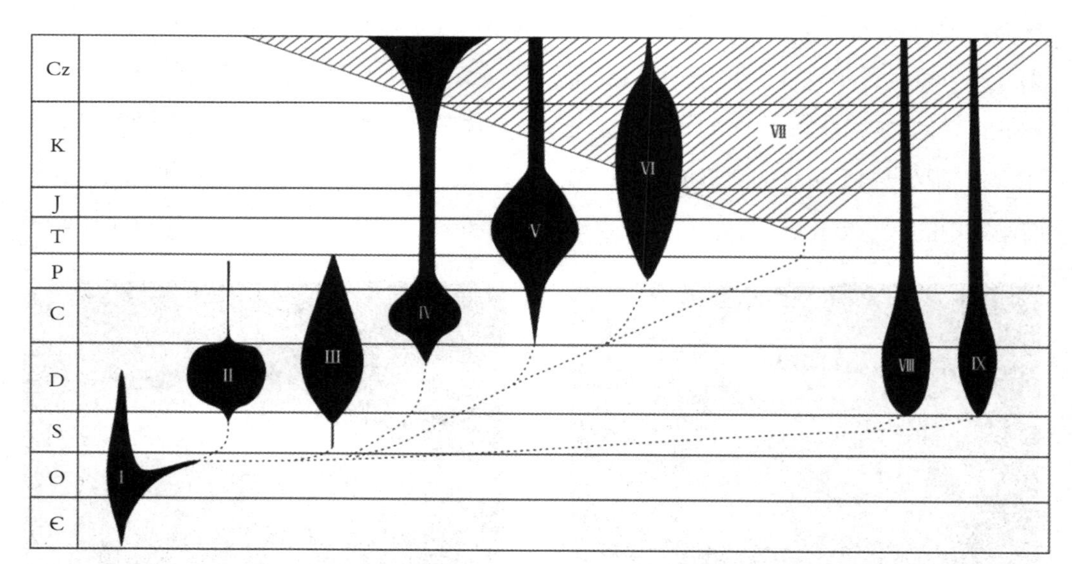

I—无颌类；II—盾皮鱼类；III—棘鱼类；IV—软骨鱼类；V—软骨硬鳞类；VI—全骨类；VII—真骨类；VIII—腔棘鱼类；IX—肺鱼类

图4–6　鱼形动物的地史分布及其演化关系

主要靠滤食海洋中的微生物或小型生物；身上披着骨质的甲片；头部颌头后侧的结构还没有分开，活动不十分方便；在躯干部没有胸鳍和腹鳍出现，多数生活在水里，因为身体像鱼形动物，所以，无颌类又被称为无颌鱼类，也被称为甲胄鱼类（图4–7）。无颌鱼类包括迥然不同的两大类：头甲类和鳍甲类，每类又各有分支，有不同类型的代表，也曾繁盛一时。但好景不长，到中泥盆世，它们绝大多数灭绝了，只有营寄生生活的圆口类（七鳃鳗、盲鳗）残留至今。没有上、下颌也许是该类动物走向灭亡的主要原因之一。因为颌不仅是取食的工具，还是进攻、防御的“武器”。自中泥盆世以后，有颌鱼类已大为繁盛，有的还是凶猛的肉食者，在这些进步鱼类面前，无颌类无疑是相形见绌。

——地学知识窗——

世界上已知最古老的脊椎动物

海口鱼是已知最古老的脊椎动物，它是一种原始的拟似鱼类生物，属于无颌总纲。海口鱼的化石于云南的澄江动物群（帽天山层）被发现，溯源于寒武纪，被认为是至今发掘出的最古老的鱼类。它的发现对古生物学及动物源流的研究有极大的影响，因为它将脊椎生物出现的时间进一步推至距今5.3亿年前。

真正鱼类的化石最早发现于志留纪末期的地层中，主要是盾皮鱼和棘鱼两类。盾皮鱼类是一个种类繁多的类群，它代表着有颌类发展的早期阶段。它的体外

图4–7　甲胄鱼化石

有盾甲，有典型的下颌和与头骨愈合在一起的上颌，有成对的鼻孔、偶鳍和歪形尾，骨骼为软骨（图4-8）。它是志留纪与泥盆纪时期，沿着和早期的鲨类与硬骨鱼类不同的进化路线发展起来的，随着泥盆纪的结束而退出历史舞台。棘鱼类是另一支古老的鱼类，一般体小而呈纺锤形，有歪形尾和发育较好的偶鳍，头部已无沉重的盾甲，代之以体表覆盖的菱形骨质小鳞。一些早期的种类，在胸、腹鳍之间还存在着一列小鳍，被认为是连续鳍褶断裂后的残余，为偶鳍产生的过渡形式。棘鱼类被认为接近硬骨鱼类的祖先，而盾皮鱼类则是软骨鱼类的近亲（图4-9）。现代生存的软骨鱼类和硬骨鱼类，早在泥盆纪有化石记录开始就各自走上了自己的发展道路，两者间的亲缘关系是比较远的。

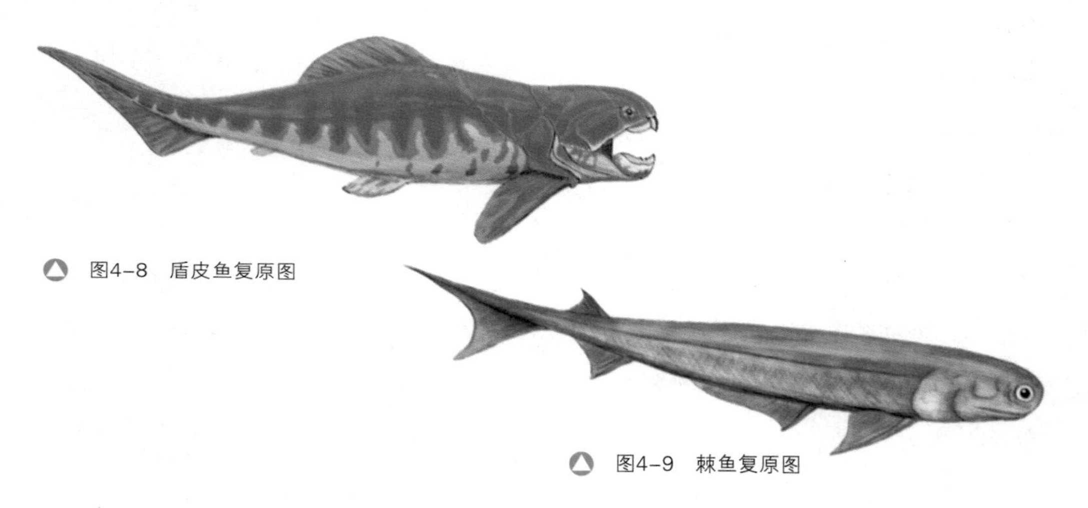

图4-8　盾皮鱼复原图

图4-9　棘鱼复原图

软骨鱼类的颌和鳍的发育演化相当成功，只是内部骨骼为软骨。在泥盆纪时期，软骨鱼大量辐射发展，到石炭纪时在淡水和海水中都很普遍，随后许多祖先类群灭绝，代之以现代软骨鱼。软骨鱼在很早以前就分为两大线系，即全头类和鲨鳐类。鲨鳐类又因适应不同的生活方式而向两个方向演化，即迅速游泳的鲨类（图4-10）和底栖、少活动的鳐类（图4-11）。软骨鱼在进化中相当保守，有的种类历经约2亿年的时间而很少变化，如现代的噬人鲨与其古代化石种古棘鲨类相比变化不大，现代的扁鲨和六鳃鲨与其侏罗纪的祖先相比变化亦不大。

一般认为，硬骨鱼类有3个大类群——肺鱼类、腔棘鱼类（包括现代生存

图4-10 鲨类

图4-11 鳐类

的腔棘鱼）和辐鳍鱼类。一般被认为是在距今4.5亿～4.25亿年间从具颌与偶鳍的共同祖先进化而来的。

肺鱼类是一群种类不多的特化淡水鱼，现存的种类只有3个属，不连续地分布于南美洲、非洲和大洋洲三个地区。这个事实足以说明肺鱼类在古代的生活范围是非常广泛的。

腔棘鱼类具有内鼻孔、能作肺用的鳔和能在陆地上运动的肉叶状偶鳍，这就使它们能够爬越干涸的泥地而进入新的水域去生活。有的种类经常在陆地活动并呼吸空气，结果发展成为最初的陆生脊椎动物，即两栖动物。另外一些种类不能坚持这种生活而向海洋迁移，但是在海中它们竞争不过数量既多而适应能力又强的古鳕鱼类，终于在中生代的后期，绝大部分被淘汰而灭绝，只有极少数种类的腔棘鱼类如矛尾鱼、马兰鱼等留存到今天成为“活化石”。此外，总鳍鱼中有一种骨鳞鱼（图4-12），其脑颅骨片的排列式样、牙齿的类型、偶鳍骨骼的结构等都与古两栖类非常近似，因此，可以认为像骨鳞鱼这样的鱼类很可能就是两栖类的直接祖先。

辐鳍鱼类由泥盆纪进化至今大致经历

图4-12 骨鳞鱼复原图

了三个相互承替的阶段：最早的辐鳍鱼类为软骨硬鳞类，以古鳕鱼类（图4-13）为代表，出现于泥盆纪的淡水水域，石炭纪达全盛期，到三叠纪为全骨类所替代；全骨类来自软骨硬鳞类，中生代时期为全骨类的繁盛时期，现代的全骨类代表有雀鳝和弓鳍鱼；在中生代早期，由全骨类发展出真骨类，开始了辐鳍鱼进化的第三阶段，真骨类自中生代后期至今进行了大量的适应辐射，形成各种生态类型。尽管真骨类鱼的种类与形态繁多，但大多数鱼类学家相信，真骨鱼类只是来自全骨类中的一个目。

图4-13　古鳕鱼化石

动物登陆——两栖类的演化

由水登陆，在脊椎动物的进化史上是一次巨大的飞跃，两栖类动物就是这种由水登陆的过渡类型动物。两栖类的起源可以追溯到泥盆纪，在那时候，陆上的气候变得干燥，河流与湖泊周期性地变成污浊的池塘和广阔的泥滩。同时，海平面下降，使得一些鱼类只能生活在岸边留存的水塘或潮湿的岸边。在如此恶劣的条件下，只有具“肺”（鳔），能在空气中呼吸，并有较强壮的偶鳍能在陆上爬行的种类才能更好地适应这种恶劣的环境条件。在泥盆纪的鱼类中只有肺鱼和总鳍鱼能用“肺”呼吸，但肺鱼的偶鳍细弱，为双列式的，并不能很好地适应在陆地上爬行。只有总鳍鱼类，除具“肺”能在空气中呼吸外，又具有类似陆生脊椎动物附肢的偶鳍，同时，还具有强壮的肌肉和类似陆生脊椎动物四肢的骨骼结构。当然，总鳍鱼的鳍作为陆上活动的运动器官不是很有效，但终究能使其从一个干涸的池塘爬行到另外有水的池塘。在空气中呼吸可使其在缺氧的混浊池塘和短时间在陆地上停留而存活。缺乏这些适应能力的鱼类就可能被自然选择所淘汰。因此，经过一系列进化改变，最后某些总鳍鱼类进化成第一个类群的两栖动物，它们的鳍进化为陆生五趾型附肢。

最早发现的两栖类化石是鱼石螈化石。鱼石螈生活在距今约3.45亿年前，在格陵兰地区被发现（图4－14）。它同时具有鱼类和两栖类的特点：如有鱼样的身体，体长约1.2米，具带鳍条的尾鳍，具残余的前鳃盖骨，其头骨骨片的数目和排列与总鳍鱼类十分相似，牙齿也与总鳍鱼相同，为迷齿。鱼石螈又具一些适应陆地生活的结构，如有具关节的五指型四肢和缩短的头骨；具双枕髁，具耳裂借以支持陆生动物特有的鼓膜；头骨的吻部较长，显示了其嗅觉能力的增强；其脊椎骨具陆生脊椎动物所特有的前、后关节突；肩带与头骨失去联系，使头部有活动余地。所有这些适应陆地生活的进步性特征表明了鱼石螈已步入两栖动物的范畴，但仍保留了一些鱼类特征，说明它确实源自鱼类。

图4－14　鱼石螈化石及复原图

继泥盆纪之后的石炭纪气候变得温暖潮湿，许多沼泽中生长着苔藓与大型蕨类植物，同时有大量的昆虫及其幼虫和水生无脊椎动物存在，这种环境条件对两栖动物的繁衍十分理想，因此，它们迅速地适应辐射，出现了许多类群。石炭纪与随后的二叠纪是两栖类最繁盛的时代，可称为两栖类时代。到三叠纪末、侏罗纪初是两栖类衰退的时期，许多古老类群灭绝，它们与现代两栖类之间的过渡类型或直接祖先的化石尚未发现，因此它们的演化关系尚有争议。就已有资料来看，较普遍的看法是：从鱼石螈分支进化出来的古生代两栖类，由于头骨均有膜原骨形成的硬骨所覆盖，可统称为坚头类。在石炭纪与二叠纪，由于坚头类的大量辐射进化而形成种类繁多的两栖动物，可将它们分为两大类群：迷齿类（或称块椎类）和壳椎类，其中鱼石螈属迷齿类。迷齿类是古生代两栖类系统演化的主干，其脊椎骨形成软骨原骨，椎体由前、后两部分组成，前为间椎体，后为侧椎体，这类似于其他陆生脊椎动物，四足脊椎动物即由它演化而来；而壳椎类的则为膜原骨，椎体不分前、后部分，而是线轴状，它在系统演化中是一个旁支。

由于中生代时期两栖类化石的保存不完整，故现代生存的3个目与古代两栖类的系统演化与分类尚有争论。但目前一般的看法是：所有现存3个目的两栖动物与祖先两栖类的亲缘关系较远，必定有较高的起源形式。另外，根据现存3个目的共同点，如皮肤裸露无甲，中耳中有第二块听小骨的盖骨与耳柱骨相连，牙齿也相似等，认为它们有共同起源。故一般认为可将古代与现代两栖类分为3个亚纲，即现已灭绝的迷齿亚纲和壳椎亚纲，及包括现存的3个目在内的无甲亚纲。

爬行动物时代——恐龙称霸

爬行类被认为是从距今约3亿年前的石炭纪的两栖动物中的迷齿类演化来的。到石炭纪末期，地球上的气候曾经发生剧变，部分地区出现了干旱和沙漠，使原来温暖而潮湿的气候变为干燥的大陆性气候。植物界也随着气候的变化而改变了，大多数蕨类植物被裸子植物所代替，这些变化使得很多古代两栖类灭绝或再次入水。而具有适应于陆生结构（如角质化发达的皮肤、完善的陆上呼吸系统等）以及产羊膜卵的古代爬行类则能生存并在斗争中不断发展，并将两栖类排挤到次要地位，到中生代几乎遍布全球的各种生态环境中，因而常称中生代为爬行类时代（图4-15）。

蜥螈又称西蒙龙，是一类结构上介于两栖类和爬行类之间的小型四足动物（图4-16）。它的头骨结构很像坚头类，颈特别短，肩带紧贴于头骨之后，脊柱分区不明显，具有迷齿和耳缺等，这些都与古两栖类相似；但头骨具单个枕骨髁，前、后肢均为五趾（**不似两栖类的前肢为四趾**），各趾的骨节数也比两栖类多，腰带与四肢骨均较粗壮，更适于在陆

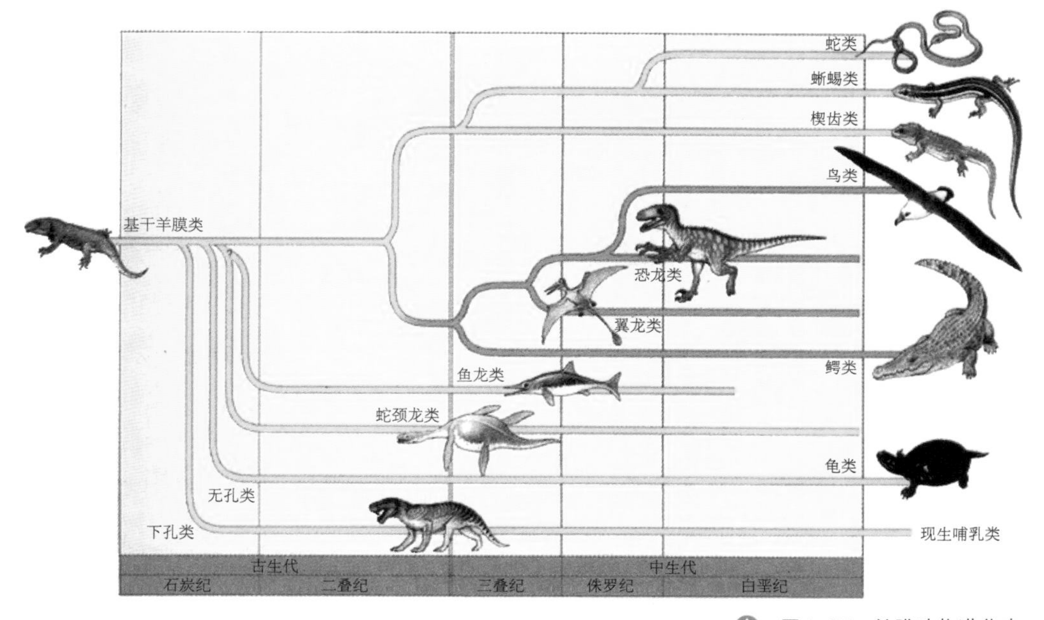

图4-15　羊膜动物进化史

图4-16　蜥螈化石及复原图

地爬行，这些特点又与爬行类相似。不过，蜥螈出现的时间晚于真正的爬行动物，所以不可能是爬行动物的直接祖先。而爬行类动物到底源自何种动物，仍然是动物学家和古生物学家探索的问题之一。

在适应陆地生活方面，爬行类的适应辐射比两栖类更成功，最根本的原因可能是爬行类产羊膜卵，这样的卵与体内受精是相伴进化的，这就使爬行类在生殖上摆脱了对水的依赖。另一个征服陆地的具决定性意义的特征是四肢的进化。爬行动物中很多种类的四肢位于腹面，能够很好地将躯体抬离地面，这对其捕食与逃避敌害是十分有利的，这些进步性进化对爬行动物的广泛适应辐射有特别的意义。因此，在三叠纪初至白垩纪末的中生代，形形色色的爬行动物几乎占领了地球上所有的陆地生态环境，并且，其中的一些类群还重新回到水域，还有一支爬行动物飞上了天空。

爬行类之所以存在广泛的适应辐射，可能是因为在爬行动物的早期进化中，由于当时的自然选择压力没有任何特别强的方向性，故而使它向各个方向发展出许多线系。

杯龙类似乎是爬行类的祖先，它出现于古生代石炭纪，至中生代三叠纪灭绝。杯龙类具一系列类似于古代两栖类的特征，与其他爬行纲类群相比较，头骨不具颞孔，为无颞窝类。所有各类爬行动物直接或间接地均为杯龙类的后裔。其中，重新回到水中生活的鱼龙和蛇颈龙，也直接起源于杯龙类。它们在中生代大部分时间中统治着海洋，在距今1亿年的时间中先后灭绝。龟鳖类代表了另一个相对较小但古老的水生线系，它继承了其祖先杯龙类的大部分特点，还进化出了用于防御的硬壳，从而从三叠纪延续至今。

槽齿类源自杯龙类，头骨每侧具两个颞孔，通常具眶前孔，与始鳄类有共同祖先（**有些动物学家认为槽齿类起源于始鳄类**）。槽齿类是一类十分灵活，以双腿行走或快跑的爬行动物，其自由的前肢对捕食与对抗敌害十分有利，因此，双腿行走和自由的前肢使得槽齿类在中生代演化成庞大的家族。利用双脚行走也可能是翼龙类与鸟类的翼进化的一个重要的前奏，槽齿类也是鸟类的祖先。

中生代早期的大多数爬行动物类群是由槽齿类分支演化来的，如鳄类、翼龙类和恐龙类。其中最著名的是恐龙，它出现于晚三叠世，灭绝于晚白垩世末，是中生代陆地生态系统中最重要的脊椎动物，支配全球生态系统超过1.6亿年之久。根据恐龙骨盆的结构可将其分为两大类，即蜥臀类和鸟臀类。

蜥臀类的骨盆呈三放型，即髂骨前后伸展、耻骨向前下方伸展、坐骨向后下方伸展，很像蜥蜴的骨盆类型。蜥臀类的原始种类多是肉食性的，称兽脚类，前肢甚短，以后肢着地，著名的霸王龙（图4-17）、跃龙（图4-18）就属此类。蜥臀类在发展过程中出现了草食性的四足着地的巨型恐龙，称为蜥脚类。它们栖居于沼泽地区，体重可达百吨，具长颈、长尾和小头，脑的重量还不足500克，可以说

图4-17 霸王龙复原图

图4-18 跃龙复原图

是体型巨大、骨骼空虚、四肢发达、头脑简单。著名的梁龙（图4-19）、雷龙（图4-20）就属此类。

鸟臀类的骨盆呈四放型，即髂骨前后伸展、耻骨和坐骨一齐向后伸展，在耻骨前方有一向前伸的前耻骨突起，略似鸟类的骨盆。鸟龙类的原始种类是草食性的。较原始的种类以后肢着地，如禽龙、

图4-19 梁龙复原图

图4-20 雷龙复原图

棘鼻青岛龙（图4-21）和山东龙（图4-22），都是著名代表。晚期的鸟臀类以四肢行走。很多种类披有坚甲和利角，如剑龙（图4-23）和三角龙（图4-24）。

始鳄类于晚古生代源自杯龙类，头骨每侧亦具两个颞孔，但无眶前孔，是一些

图4-21 棘鼻青岛龙复原图

图4-22 山东龙复原图

图4-23 剑龙复原图

图4-24 三角龙复原图

蜥蜴样的爬行类。由它演化出另外两个生活至今的类群，即有鳞类和喙头类。有鳞类包括蜥蜴类和蛇类。中生代末期，当许多爬行动物走向灭绝时，有鳞类却异军突起，成为爬行类中最大的一个目，并延续至今，其原因尚不清楚。来自始鳄类的另一线系是喙头类，该类至今已衰退成单一的种，即喙头蜥（图4-25），是停滞进化成为“活化石”的一个典型代表。

盘龙类出现于石炭纪末，是最重要的一个分支，其头骨侧下方有一个颞孔。它的后代中有一支称兽孔类，是较进步的

图4-25 喙头蜥

类型，为似哺乳类的爬行类，并由这一支发展出了哺乳动物。在白垩纪末期恐龙类和一些其他的爬行动物类群灭绝的同时，哺乳类开始了适应辐射。在中生代中期，兽孔类已进化出小型的鼩鼱样食虫类，这是哺乳纲最早出现的成员。

到了中生代末期，地球发生了强烈的地壳运动——造山运动（我国的喜马拉雅山和欧洲的阿尔卑斯山就是这个时期形成的）。由于地壳剧变导致气候、环境发生了巨大变化，使得植物类型也发生了改变，被子植物出现并替代了裸子植物而居于优势。加之恒温动物特别是哺乳动物的兴起，这都使食量大而又狭食性的古爬行类在生存斗争中居于劣势，导致古爬行类大量死亡和灭绝，从而结束了盛极一时的爬行类的黄金时代。关于恐龙为什么会突然消失，至今仍然是生物学的一道谜题。

翱翔天空——鸟类的进化

关于鸟类的起源，一般认为是从侏罗纪时期的槽齿类爬行动物中的一支进化来的，其直接祖先尚不清楚。由于鸟类骨骼比较脆弱，形成化石的机会较少，因而原始类型的鸟类化石较难发现。1861年在德国巴伐利亚地区发现了第一具有羽毛的古鸟化石（图4-26），后来命名为始祖鸟。它的上、下颌有牙齿，头骨如同蜥蜴，有1条由20多节尾椎骨组成的长尾巴，前肢有3只细长的指骨等。已知该鸟生活于距今1.5亿年前的热带岛屿，可能是当时飞行时偶然坠入并淹死在环岛浅海的咸水中才得以保存并成为化石。从始祖鸟的身体结构看，它具有爬行类和鸟类的过渡特征。1986年，考古学家查特基发现了两个原始鸟类的标本，这两个标本均采自美国德克萨斯州加扎县的晚三叠世地层中，将其定名为原鸟（又译为新

图4-26 始祖鸟化石及复原图

鸟）。原鸟大小似鸡，大的个体长约60厘米，似始祖鸟，小的个体长约30厘米（图4-27）。原鸟也是介于爬行类与现代鸟类之间的一种过渡类型，但具有更多的鸟类特征，从其牙的着生方式与其他一些特征看，其进化水平应比始祖鸟更接近现代鸟类，即比始祖鸟更进步。

至白垩纪，鸟类已进化到一个新水平，除某些种类尚保留少许爬行类的特征（如具有像爬行动物的颌骨与齿）外，在身体结构上已基本与现代鸟相差无几，已有某些种类丧失了牙齿，头骨骨片有愈合现象，骨为气质骨，胸骨发达；有些种类具龙骨突、愈合的腕掌骨和综合荐椎，尾已缩短，尾骨末端形成尾综骨等。所有这些特点都与飞翔有关，是向着飞翔能力提高的方向发展的。

在分类上，将白垩纪具齿的、现已灭绝的鸟类归为齿颌总目。齿颌总目在进化的线系中代表了今鸟亚纲中的一个侧支，此类的代表有黄昏鸟属（图4-28）和浸水鸟属，它们代表了一个没有飞翔能力的适于水生的类群，化石大多发现于美国中西部，此地区在白垩纪时是海洋。具飞翔能力的齿颌类的代表有鱼鸟属，是海鸥样的飞翔鸟。不具牙齿的中生代鸟类化石在过去20余年中在亚洲（包括中国）、南美洲、大洋洲和欧洲等地也有发现，但缺少完好的头骨。在这些已发现的化石鸟类中，种类约有35种，隶属于8目、13

图4-27　原鸟复原图

图4-28　黄昏鸟骨骼

科，如红鹤目（有的将其并入鹳形目）、潜鸟目、鹈鹕目、鹈形目、鹤形目和鸻形目等。值得注意的是，可能因为这些类型的鸟多为水生（或水边）鸟类，故较易被保存下来。我国白垩纪的鸟有玉门甘肃鸟（图4–29），自成1目1科。

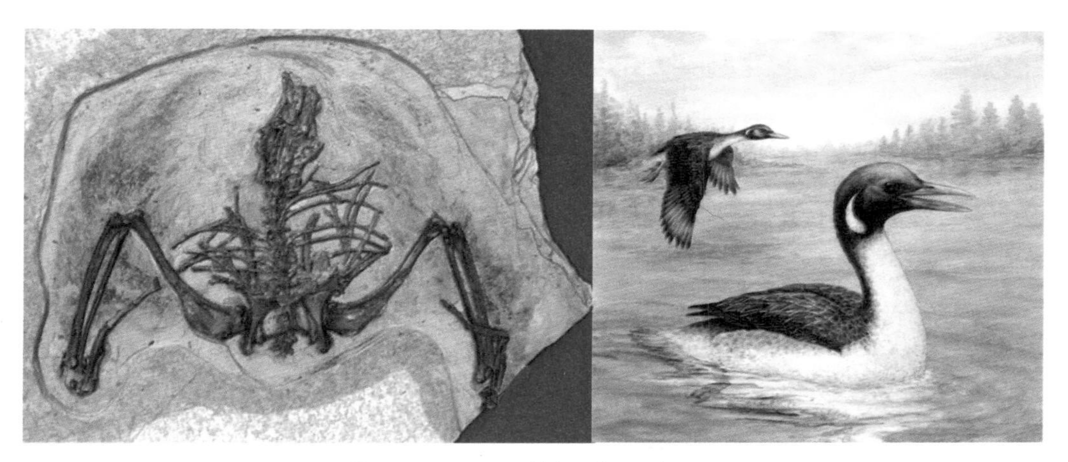

图4–29 玉门甘肃鸟化石及复原图

进入新生代则为鸟类的大发展时期，到古近纪始新世末，几乎所有现在生活的各目的鸟（包括雀形目）都已出现，它们均不具齿，适应辐射于多种多样的生活环境。在与哺乳动物的竞争中，鸟类主要是向空中发展的类群。据布罗德科伯在1971年统计，自古至今（包括灭绝的与现存活的）鸟类共约有154 000种，至今存活的有约9 600种。

哺乳动物统治地球

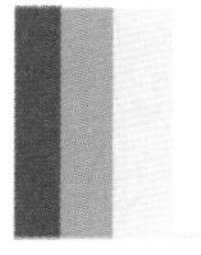

乳动物早于鸟类出现，起源于古代似哺乳类的爬行动物，时间大约是中生代三叠纪。在石炭纪末期，由爬行类基干的杯龙类发展出一支似哺乳类的兽形爬行类，即盘龙类，由它进化出一支较进步的兽孔类，兽孔类后裔中的一支称

兽齿类，被认为是哺乳类的祖先。兽齿类的化石最早见于中生代三叠纪的地层中，这是一类十分近似哺乳类的爬行动物，已具备了一些哺乳类的特征：四肢位于身体腹侧，能将身体抬离地面便于运动；头骨具合颞孔，牙为槽生的异型齿，双枕髁，下颌齿骨特别发达，某些种类已具原始的次生腭；脊椎、带骨及四肢骨的构造均似哺乳类；脑和感官较发达；具胎盘和哺乳的习性；能维持较高的体温等。其代表动物为发现于南非三叠纪地层的犬颌兽（图4-30），体长约2米，似狗。我国云南省禄丰地区发现的晚三叠世化石卞氏兽也属兽齿类，其特征更接近哺乳动物，曾一度归为哺乳类，后因其下颌骨仅为单一齿骨，尚含有退化的关节骨与上隅骨等，并非像哺乳动物，因此仍将其归为爬行动物，是最接近哺乳动物的爬行动物。

图4-30　犬颌兽复原图

——地学知识窗——

哺乳动物的生存优势

哺乳动物有很好的适应环境的能力，如身体恒温；具有乳腺，可哺育幼崽儿；脑发达，能够支配行动；胎生（单孔类除外），提高了后代的成活率等。所有这些，都为它们的壮大发展提供了优势。当中生代末地壳运动加剧，环境发生重大改变时，恐龙等爬行动物难以适应和生存，而哺乳类则显示了很强的竞争能力。

迄今所获最早（三叠纪）的哺乳类的化石标本绝大多数为牙齿和颌骨的碎片。这是因为最早的哺乳类都是一些个体大小如鼠的种类，它们的骨骼脆弱，难以保存完整。小的体型在中生代早期可能是一种很好的适应性特征，因那时正是肉食性恐龙在地球上称霸的时候，尽管最初的哺乳类在身体结构与生理机能上均优于爬行动物，但在当时爬行类仍占优势，体型较小的哺乳类尚不具备与之竞争的条件，但却足以幸存下来。而到了中生代末期，随着爬行类的大量灭绝，哺乳类才得以充分发挥其优越性而发生广泛适应辐射。到古近纪的始新世和渐新世时，哺乳动物十分繁盛，迎来了哺乳动物的黄金时代。从此之后，尽管哺乳动物的数量有些下降，但仍支配着地球的陆地环境。

现存的哺乳类很可能是多系起源的。根据化石资料，哺乳类的祖先为三锥齿类，其形态与兽孔类极相似，但下颌由单一齿骨构成，臼齿有3个齿尖，排成直行，以小型无脊椎动物为食，外形似鼠，具初步攀爬能力（图4-31）。

哺乳动物的进化史经历了三个基本辐射阶段：

第一阶段是中生代侏罗纪，此期所见的三结节齿类，其臼齿齿尖已从三锥齿类的直行排列演变成三角形排列。由三结节齿类演化出三支，即三齿兽类、对齿兽类和古兽类，其中前两支生活到侏罗纪末白垩纪初时灭绝，而第三支古兽类却得到蓬勃发展。古兽类的臼齿齿尖亦为三角形排列，但下颌臼齿后方具有带两个齿尖的“下跟突”。古兽类是后兽亚纲和真兽亚纲的祖先。此时期多结节齿类还很兴旺。

图4-31　三锥齿兽目动物——摩尔根兽

第二阶段为中生代末期（白垩纪），出现了后兽亚纲与真兽亚纲（图4-32）。多结节齿类尚存在。

第三阶段为新生代，从新生代初期开始，哺乳类获得空前大发展。一方面是由于当时的环境条件对爬行类不利，而更主要的是由于哺乳类的一系列进步性特征使其在生存斗争中占据有利地位。现存各目哺乳类多是此时期辐射出来的，可能是由食虫的或杂食的鼩鼱样类群进化而来，5000万年以来一直是陆生占优势的动物类群。多结节齿类在此时期灭绝，单孔类出现。尽管单孔类化石出现于新生代第四纪初的地层中，但从现代生存的单孔类动物存在明显的爬行类特征（如有泄殖腔孔和以产卵的方式繁殖）看，是比后兽亚纲和真兽亚纲更为原始的类群。现在一般认为单孔类可能是三叠纪末出现的多结节齿类的后裔。

现代哺乳动物（真兽亚纲）群是在第四纪更新世及其以后建立起来的，它们在各大陆间进行迁徙混杂，遗传因子、地理因子和生态因子的共同作用产生了适应于多种生活环境的不同的哺乳动物类群。

图4-32　最早的真兽亚纲动物 *Juramaia* 的复原图

Part 5

南方古猿·能人·直立人·智人

哺乳动物的进化，最终出现了具有改造大自然能力的人类。人类与一切其他高等动物的本质区别在于能制造工具，并使用它来从事劳动。人类的进化和发展是哺乳动物发展史上光辉的一页，也是生物进化史上的重大事件。那么人类从何而来，又是怎么进化的呢？

人类的起源

人类如何起源，历来传说、争论很多。但自从达尔文创立了生物进化论后，多数人相信人类是由森林古猿进化来的。但人类这一支系是何时、何地从共同祖先这一总干上分离开来的？目前，学术界仍存在许多不同的看法。

关于人类起源的地点，曾有多地起源和一地起源之说。多地起源论由于涉及一些理论上的矛盾，已少有人赞同，目前大多数专家认同一地起源论。一地起源论是指所有现代人类都是由一个群体甚至一个个体，从一个地方起源的。那么，这个地方是哪里呢？人类起源地随人类化石的不断出土，而摇摆于各洲。

图5-1 海德堡人头骨化石

早期关于人类起源的论述很多，达尔文在1871年出版的《人类起源与性的选择》一书中作了大胆的推测，认为人类起源于非洲。另一位进化论者海格尔则在1863年发表的《自然创造史》一书中主张人类起源于南亚，还绘图表示现今各人种由南亚中心向外迁移的途径。

1823～1925年在欧洲发现的人类化石有116个个体，其中包括猿人阶段的海德堡人（图5-1）。新石器时代的人骨发现得更多，有236起。因此欧洲，特别是西欧，曾一度被认为是人类的发源地。而当时除了爪哇猿人外，在亚洲其他地区和非洲还没有找到过古人类遗址。所以，当时许多人认为人类起源的中心是在西欧。但随着亚非两地更多人类化石的发现，欧洲起源说逐渐退出了历史舞台。

1927年，在中国发现“北京人”化石，之后相继发现了“北京人”制作和使用的工具以及用火遗迹。“北京人”的发现使得中亚起源说风靡一时。1930年，美国古生物学家刘易斯在印巴交界处的西瓦立克山找到一块上颌碎块，该标本从形态上看有些接近人的特点，他便借用印度一个神的名字“拉玛”把它命名为“拉玛古猿”（图5-2）。但由于当时他人微言轻，这一看法未被首肯。到了20世纪60年代，古生物学家皮尔宾姆和西蒙斯对林猿类26个属50多个种作综合研究时，注意到拉玛古猿形态上的似人特点，认为它可能是人类这一支系的祖先类型，并将它从猿科中转到人科中，南亚起源说再度兴起。然而，随着非洲早期人类化石和文化遗物的大量涌现，使非洲起源说又被人们所追捧。

从1931年起，英国考古学家路易斯·利基在东非大裂谷一个名叫奥尔杜威峡谷的分支部分进行发掘，找到了不少非常原始的石器。它们是用河卵石或砾石简单打制成的，年代是更新世早期。谁是这些工具的主人呢？利基夫妇在这里搜索了20多年，终于在1959年7月的一天发现了一具南猿头骨。它比南非粗壮南猿还要粗壮，学名为“鲍氏南猿”。通过年龄的测定，测得它的生存年代为距今170万年前。“鲍氏南猿”的发现，不仅揭开了东非地区一系列重要发现的序幕，而且将作为“缺环”代表的南猿，由“最接近人的猿”一下跃升为“最接近猿的人”或“人类的先驱者”。以利基夫妇为代表的一批学者据此认为人类应起源于非洲。

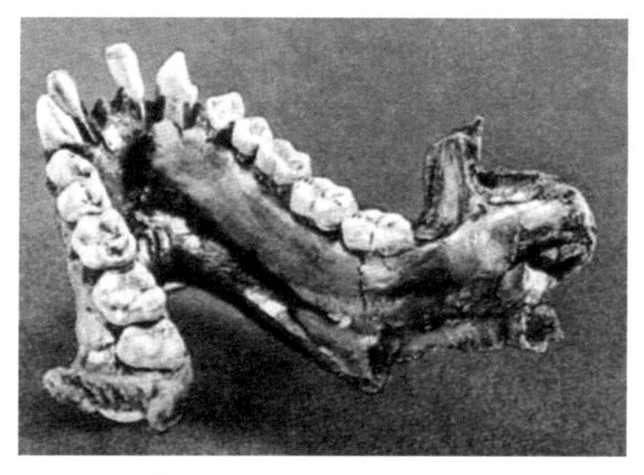

图5-2 拉玛古猿牙齿和下颌骨化石

进入20世纪70年代，世界范围内古人类学的重要发现不断涌现，其研究也获得了长足的进展。首先是在巴基斯坦波特瓦高原，之后又在匈牙利、土耳其、希腊、肯尼亚和我国发现了大量的古猿化石。虽然它们名称不一，但基本可分为大、小两种类型，大的属西瓦猿型，小的为拉玛猿型，而且往往两者并存。经过各方专家的比较研究，多数学者认为它们并非不同的种属，而是雌雄个体而已，并且与猩猩的亲缘关系比与人的关系更为密切，因而它不可能被看作是一个直接的人类祖先。因此，曾一度因拉玛古猿而明朗的人类的直系祖先问题，又再度陷入迷茫。

日新月异的科技发展也为人们了解自身起源的奥秘打开了一条新的途径。分子生物学，特别是分子人类学的发展，从微观分子水平上展示了人与其他灵长动物，特别是与猿类密切的血缘关系，而且依据遗传物质的变异度，可以推算出它们分化的大致时间跨度。原先认为人和猿分离的时间为距今2500万～2000万年，而通过分子生物学方法的推算，其分离时间为距今500万～400万年。鉴于此，新的人类演化概念产生了，由此也决定了探索人类的发祥地不能再依据旧说行事。由于非洲大量涌现的南猿和早期人属化石，相比之下，亚洲出土的化石很难与之相提并论，因此，大部分古人类学家都认为人类起源于非洲的可能性较大。

人类的发展阶段

当前在世界各地发现的人类化石，最早的只存在了400多万年。从400多万年以来的人类化石来看，虽然其间还存在不少空缺，但总的来说，人类的进化经历了南方古猿、能人或早期猿人、直立人、智人四个阶段。

南方古猿

南方古猿生活在距今500万～150万年前。南方古猿化石最早发现于1924年，在南非西北省的塔翁（Taung）地区，为6岁左右的幼年古猿的头骨。后来，在南非马卡潘山洞、唐恩等地和东非奥莫、奥杜威等地也有发现。这些化石主要是头骨、下颌骨、髋骨、牙齿、四肢骨等。通过研究发现南方古猿的牙齿、头颅、腕骨等与现代人相近，和猿类有显著的差别，可能已会直立行走和使用工具（图5-3）。

南方古猿的头骨与现代人相比又短又低，却比大多数黑猩猩长而高。较大的南方古猿的颞肌前部较发达，故矢状脊出现率较高，眼眶后有一缩窄处；脑容量平均值接近500毫升，变异范围为400～770毫升；面部较大，且向前突出，牙齿与南方古猿身材相比，颊齿极大，门齿和犬齿则比猿类小得多，比现代人略大一些，犬

图5-3 南方古猿生活想象图

齿并不超出齿列平面；两足直立行走特征在头骨、骨盆和腿骨上都有表现，各个不同时期的南方古猿有一系列共同特征，但也有一些各自的特点。

通过比较化石之间的一些差别，研究人员把南方古猿分为4个种类，即阿法种（图5-4）、非洲种（纤细种，图5-5）、粗壮种以及鲍氏种。关于这4个种如何演化，谁与谁有着祖先和后裔的关系，又由谁直接发展成为现代人，古人类学家们有许多不同的意见。有人认为从最早的阿尔法种向前演化为两支，一支经过

图5-4 南方古猿阿法种头骨化石

图5-5 南方古猿非洲种头骨化石

非洲种发展成粗壮种，最后在大约距今150万年前灭绝了；另一支则向着人类进化的方向发展，经过能人、直立人，直到我们现代人。但也有人持不同观点。

能人

生活于距今250万～150万年前，是南方古猿的其中一支进化而成的，化石最早是1960年在坦桑尼亚奥杜瓦伊峡谷第一层中被发现，当时出土了10～11岁幼年个体的顶骨、下颌骨、手骨和成年个体的锁骨、手骨和足骨。1963年在第二层中部又发现了一个头骨及附连大部分牙齿的下颌骨。1964年被定名为能人，意思为“能干、手巧”。能人的主要特征是头骨比较纤细、光滑，面部结构轻巧，下肢骨与现代人很相似，身高在1.40米左右，其平均脑容量为646毫升，比南方古猿的平均脑容量大得多（图5-6）。在奥杜瓦伊，已发现了代表10个个体的能人化石。能人不仅会制作石器，还会猎取中等大小的动物，并可能会建造简陋的类似窝棚的住所，甚至可能已有初步的语言（图5-7）。一般认为能人是南方古猿向直立人进化的中间环节。经过数十万年的演化，能人最终被直立人所取代而消亡。

图5-6　能人头骨化石

图5-7　能人生活场景想象图

直立人

是生活在距今180万～20万年前的非洲、欧洲和亚洲的古人类。1890～1892年，荷兰外科军医迪布瓦在印度尼西亚爪哇发现了猿人的下颌骨、头盖骨和腿骨，并将它定名为“直立猿人”或“原人直立种”。1929年在北京周口店发现的猿人化

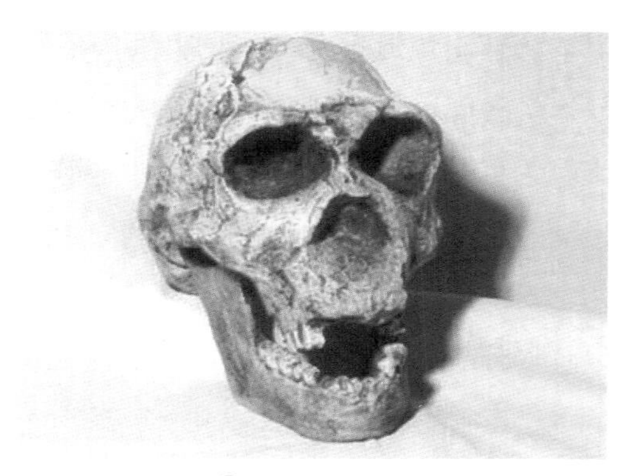

图5-8 东非直立人头骨化石

石被定名为“北京的中国猿人”或“中国猿人北京种”，简称“北京人”。以后，在非洲和欧洲都发现有猿人化石，其形态基本相似。因而国际人类学界一致同意把各地发现的猿人化石定名为“Homo Erectus”，按拉丁文字义直译是“人属直立种”或“直立人”（图5-8）。

直立人已经能制造工具，能直立行走，但脑容量较少，头部还保留了较多的原始特征。直立人的头骨扁平，骨壁厚，眶上脊粗壮；脑容量为800～1 200毫升，大脑左、右两半球出现了不对称性，显示出直立人已经有了掌握有声语言的能力；相较于能人，直立人的骨架明显增大，平均身高达到160厘米，体重约60千克，其下肢结构与现代人十分相似，大腿骨接近现代人，直立人行走的姿势已很完善。直立人是最早会用火的物种，并且它们最早能够按照心想的某种模式来制造石器。在非洲，这种石器组合所代表的文化类型被称为阿舍利文化，它得名于同样发现有这种类型石器文化的法国北部的圣阿舍利。阿舍利文化的代表工具是手斧，是由燧石结核打制而成，一端圆钝，是用手抓握的部分，另一端尖利，可用来切割、砍砸和钻孔（图5-9）。

图5-9 代表阿舍利文化的石器

一般认为直立人起源于非洲，然后向亚洲和欧洲扩散。我国的周口店北京人、元谋人及蓝田人都属于直立人。

元谋人　是目前我国已知最早的远古人类，因发现地点在云南元谋县上那蚌村西北的小山岗上，被定名为“元谋直立人”。根据古地磁学方法测定，其生活年代约为距今170万年前。元谋人化石包括两枚上内侧门齿，一左一右，属于同一成年人个体，齿冠保存完整，齿根末梢残缺，表面有碎小裂纹，裂纹中填有褐色黏土。这两枚牙齿很粗壮，唇面比较平坦，舌面的模式非常复杂，具有明显的原始性质（图5-10）。根据出土的这两枚牙齿以及其后在同一地点的同一层位中发掘出的少量石制品、大量的炭屑和哺乳动物化石，证明他们是能制造工具和使用火的原始人类。

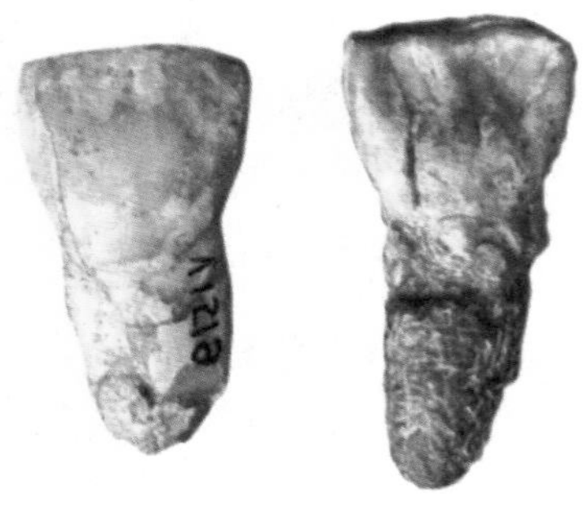

图5-10　元谋人门齿化石

蓝田人　“蓝田人”即“蓝田猿人”，学名为“直立人蓝田亚种”，生活在距今115万～70万年前。1964年被发现于陕西省蓝田县公王岭，化石为一个30多岁女性的头骨。蓝田人的年份较北京人早数十万年，其容貌更似猿猴，智力和四肢也比不上北京人发达（图5-11）。

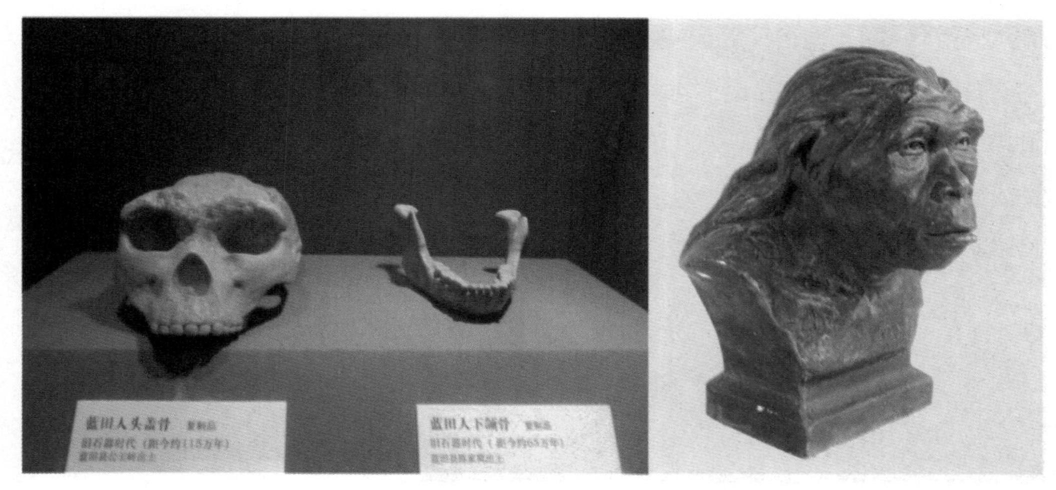

图5-11　蓝田人复原头骨及复原雕像

北京人　又称北京猿人，正式名称为“中国猿人北京种”，现在科学上常称之为“北京直立人”。北京猿人生活在距今大约50万年前，遗址发现地位于北京市西南房山区周口店龙骨山，是世界上出土古人类遗骨化石和用火遗迹最丰富的遗址之一。北京猿人的颧骨较高，脑容量平均仅1 075毫升；身材粗短，男性身高为156～157厘米，女性约为144厘米；腿短臂长，头部前倾（图5-12）。

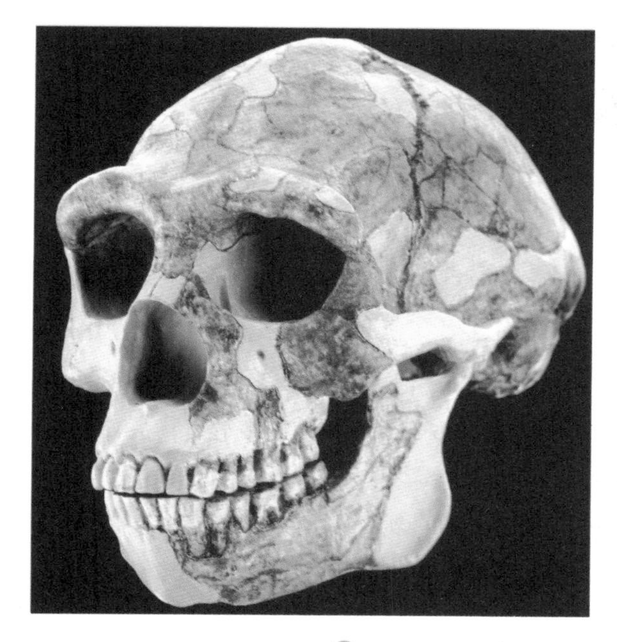

图5-12　北京猿人复原头骨及复原雕像

智人

“智人”意为“智慧的人”，又可分为早期智人和晚期智人两个发展阶段。

早期智人又称古人，生活于距今20万～5万年前。世界上发现最早的早期智人化石的地点有两个：一个是在西班牙的直布罗陀，发现于1848年；另一个是在德国迪塞尔多夫附近的尼安德特河谷的一个山洞中（包括一个成年男性的颅骨和一些肢骨化石，约生活于距今7万年前），发现于1856年。由于直布罗陀头骨化石发现后没有引起人们的注意，其资料直到1864年才被发表出来，而最早被人们重视的是尼安德特河谷发现的人类化石，因而过去古人类学上曾将早期智人化石统称为尼安德特人（图5-13）。

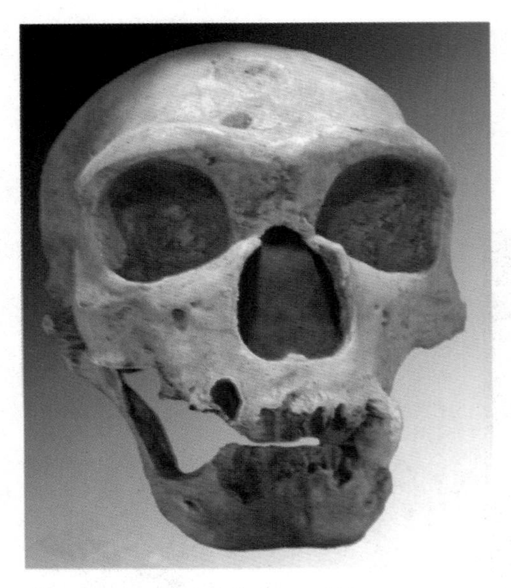

图5-13　尼安德特人复原头骨

早期智人的主要特征是脑容量较大，男女平均为1 400毫升，但脑的结构却比较原始；眉嵴发达，前额倾斜，鼻部宽扁，颌部前突。虽然较猿人进步，但仍有不少原始性质。另外早期智人打制的石器种类更多、更精细，已有复合工具，不但会用天然火，而且会人工生火，已穿兽皮，开始出现埋葬死者的风俗，社会形态已进入早期母系氏族社会，已从族内婚发展到族外婚，即一氏族的成年男子集体与另一氏族的成年女子结婚。

——地学知识窗——

母系氏族制社会

又称母系社会。氏族社会的早、中期为母系氏族，即建立在母系血缘关系上的社会组织，是按母系计算世系血统和继承财产的氏族制度，是氏族社会的第一阶段。

世界上早期智人化石的发现地有70多处，在亚、非、欧三洲许多地区都有发现。我国广东发现的马坝人（1块头盖骨，生活于距今10万年前，1958年被发现，图5-14）、湖北发现的长阳人（1块左侧上颌骨断片及其上2颗牙齿，生活于距今6万～4万年前，1956年被发现）、山西发现的丁村人（3颗牙齿，生活于距今10万年前，1954年被发现）、陕西发现的大荔人（1块较完整的头骨，1978年被发现，图5-15）、山西发现的许家窑人（顶骨3块、枕骨2块、左上颌骨1块、一些零星的顶骨破片和牙齿，生活于旧石器时代中期，1976～1977年被发现）都属于早期智人。

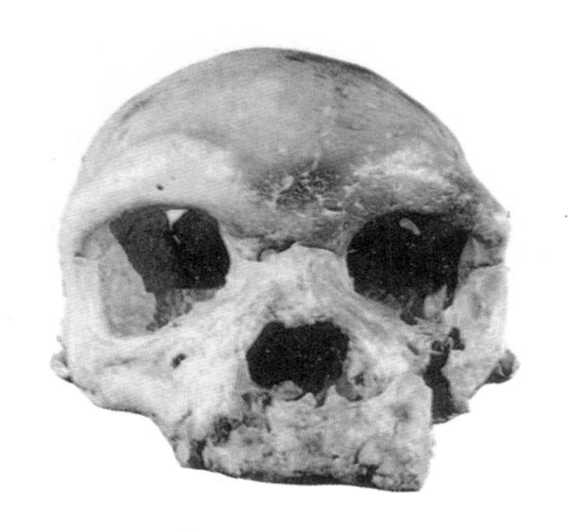

图5-14　广东马坝人头骨化石

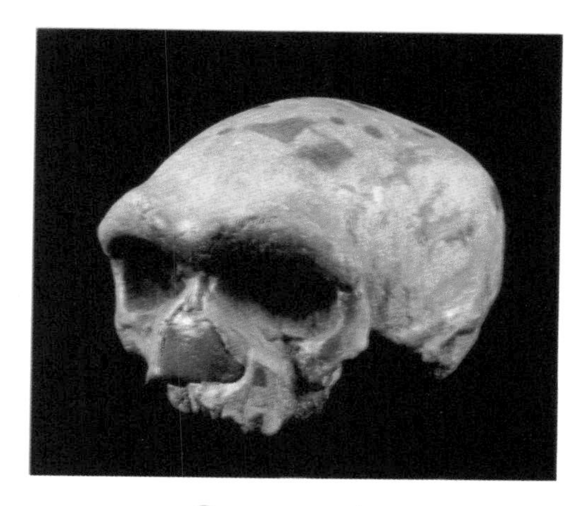

图5-15　陕西大荔人头骨化石

晚期智人又称新人，是生活在距今5万～1万年前的古人类（**距今1万年以前的人类称为现代人**）。新人化石最早于1868年在法国克罗马农的一个山洞中被发现（**颅骨4块，属于3个男性和1个女性，生活于距今3万～2万年前**），所以常称新人为克罗马农人（图5-16）。晚期智人脑颅较高较圆，脑容量为900～1 300毫升；额部较垂直，眉嵴微弱，门齿相对较小；颜面广阔，下颏明显；身体较高，骨骼比早期智人纤细，耻骨较窄且粗壮，长骨较直，关节面较小，屈指肌握力较小。晚期智人不仅能制造精细的石器和骨器，还会制造长矛、标枪，用以狩猎、捕鱼。他们的狩猎能力也大为提高，会利用地形和设置陷阱来捕捉大的野兽。此外，他们还会摩擦取火，用大兽皮等修建简单的房屋，用骨针缝制衣物，还创造出了雕像和洞穴壁画等原始的艺术；埋葬死者的习俗更隆重，为死者穿着衣服，佩戴装饰品。

晚期智人的体型非常接近现代人，已开始分化出四大人种（**白种人、黄种**

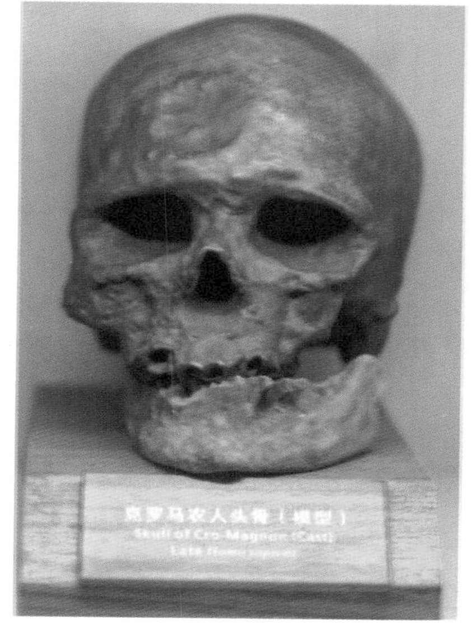

图5-16　克罗马农人头骨模型

人、棕种人、黑种人），并逐步分布到世界各地。晚期智人的化石在各个大陆都有发现，主要的晚期智人遗址有：法国的克罗马农，南非的萨尔达纳、菲什胡克、博斯科普，肯尼亚的甘布勒洞，马来西亚婆罗洲的尼阿洞，印度尼西亚爪哇的梭罗、瓦贾克，澳大利亚的蒙戈湖、科阿沼泽，美国的德尔马、洛杉矶、尤哈等，加拿大的旧克罗遗址，秘鲁的皮基马采洞，委内瑞拉的塔伊马—塔伊马。我国境内发现的晚期智人中，比较重要的有河套人、柳江人、麒麟山人、资阳人、峙峪人，最为著名的是山顶洞人。

山顶洞人，因发现于北京市周口店龙骨山北京人遗址顶部的山顶洞而得名，生活在距今约3万年前（图5-17）。山顶洞人的体质已很进步，头骨的最宽处在顶结节附近，牙齿较小，齿冠较高，下颌前内曲极为明显，下颏突出，脑容量已达1 300～1 500毫升。男性身高约为1.7米，女性约为1.6米。另外与人类化石一起还出土了石器、骨角器和穿孔饰物，并发现了我国迄今所知最早的墓葬，山顶洞人处于母系氏族公社时期，女性在社会生活中起主导作用，按母系血统确立亲属关系。

从南方古猿到智人，人类躯体不断地进化，其进化改变与直立相关，或者说，人类躯体的进化改变越来越趋向于直立姿势。从攀援的树栖生活方式向直立行走的地上生活方式的进化，导致了人类躯体形态特征发生显著的改变。人的颅骨的形态、枕骨大孔的位置使得人的头部能够很自然地坐落在直立的躯干之上；S形的脊柱更适合于直立的躯体承重；人的骨盆结构适合于承托腹腔内的器官；髋关节的结构、股骨、膝关节、发达的跟骨和长的跗骨适合于双足直立行走。虽然人并非唯一能

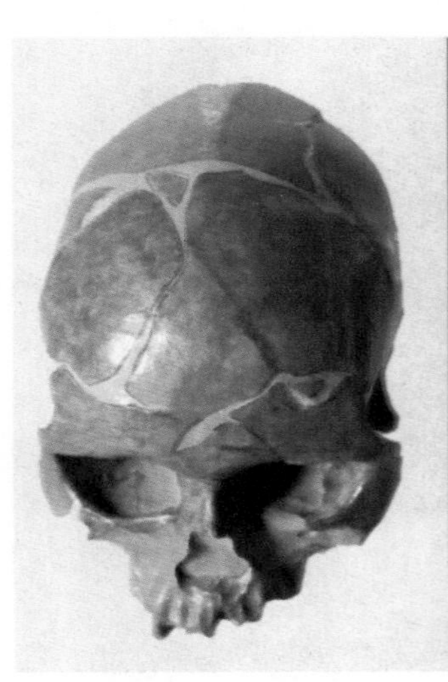

图5-17　山顶洞人复原头骨及复原雕像

直立的动物，但与任何其他能直立的动物相比，人直立得最彻底、最自然。

从树上到地面的适应进化并非一定朝着直立的方向改变，推测人类祖先在从树栖到地面的生活方式的改变过程中，其体型的适应进化有以下三个可能的方向：

其一是半直立体型。从树上到地面、从攀援的体型改变为类似今日的大猩猩和黑猩猩的半直立体型是最容易实现的，适应于半地面、半树栖的生活方式，体躯无须大的改变。南方古猿可能是半直立的或还未完全适应于直立。科学家发现化石埋藏处有丰富的树木和种子化石，证明始祖南方古猿尚未离开森林。

其二是四足行走体型。人类祖先从树上走向地面的另一个可能的适应进化方向是返回到更远的祖先的体型，即四足行走的体型，犹如今日的狒狒。但这要涉及较大的躯体结构的进化改变：后肢变长，前肢变短，身躯延长，跗骨与趾骨改变，双目位置改变等。然而，在进化途中，这种改变的任何中间阶段都会导致适应度的下降，增加灭绝的可能性。

其三是完全直立的体型。从攀援体型经过半直立体型，最后进化到完全直立的体型可能是人类进化的实际历程。因为涉及的躯体的改变比较容易实现，进化的中间阶段（半直立）并不会引起适应的危机（只要不完全离开森林）。

人类生物学进化的最重要的改变，

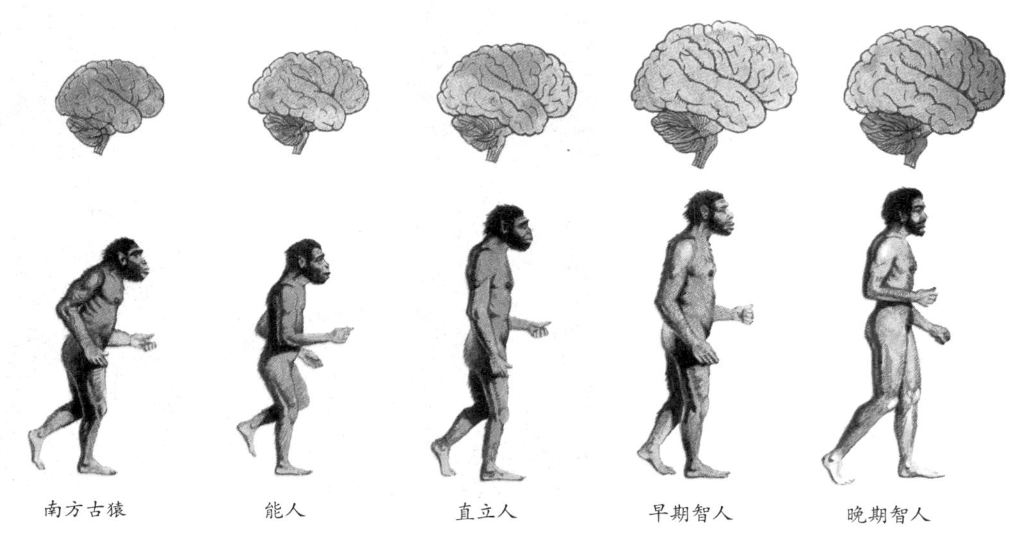

图5-18　从南方古猿到晚期智人脑容量不断增大

除了直立以外，就是脑容量的增长。从南方古猿到晚期智人，脑容量从500毫升增加到了1 400毫升（图5-18）。因此，人类的适应优势不是体力，而是智力。

走近山东的古人

山东地区目前发现的人类化石有沂源猿人和新泰乌珠台人，分别属于人类演化历史的直立人和晚期智人阶段，时代上为第四纪更新世的中期和晚期。

沂源猿人

沂源猿人，学名为“直立人沂源亚种”，生活的时代是更新世中期，距今50万～40万年前。1981年，沂源文物普查组在沂源县土门镇骑子鞍山的东山根下崖洞南60米处发现了一块猿人头盖骨化石。经鉴定，与举世闻名的“北京猿人”属于同一时代，后经发掘，共获得骨骼化石十余种（图5-19），于是命名为“沂源猿人”。沂源猿人是最早的山东古人，也是黄河中下游地区最早的古人类（图5-20）。与沂源猿人伴生的哺乳动物化石有硕猕猴、大河狸、变异狼、棕熊、中国黑熊、鬣狗、虎、三门马、梅氏犀、李氏野猪、肿骨大角鹿、斑鹿、牛，其组合和种类与周口店第一地点大致相同。

图5-19　沂源猿人头骨和牙齿化石

图5-20 沂源猿人生活想象图

新泰乌珠台人

1966年，当地农民在沟中挖水井，于寒武纪石灰岩洞中井壁东侧发现一直径为50～60厘米的石洞，在洞内发现了1枚人类牙齿化石。经鉴定，该人类牙齿化石为左下臼齿，属少女个体。同时发现的还有马、牛、猪、鹿、虎、披毛犀等哺乳动物的牙齿化石。其中，马属仅有零星的牙齿，大小与野驴齿相似；猪齿从其典型的丘形结构看，与野猪齿相近；虎牙与周口店第一地点及河南安阳发现的虎牙标本接近（图5-21）。依牙齿发育状况和一同出土的动物化石判断，乌珠台人类化石为智人，处于旧石器时代晚期阶段，距今5万～2万年。

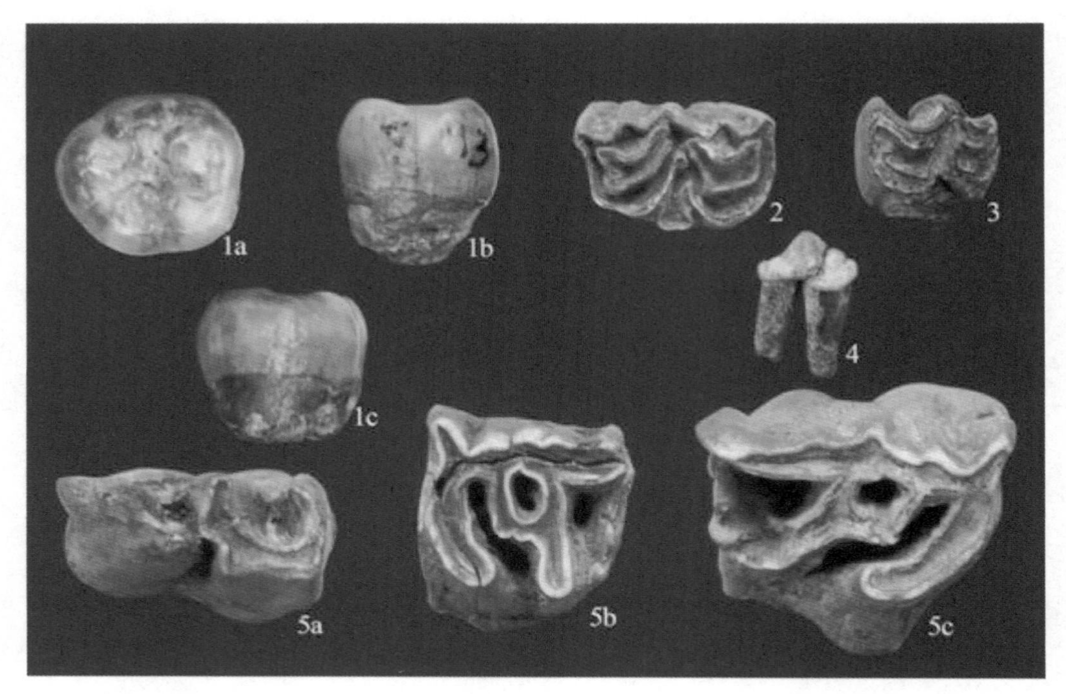

1. 乌珠台人左下臼齿：a. 咬合面，b. 近中面，c. 远中面；2. 牛：上臼齿；3. 马：上臼齿；4. 虎：左上第二前臼齿；5. 披毛犀：a. 右下第三臼齿，b. 左上第四前臼齿，c. 右上第二臼齿

图5-21　新泰乌珠台人牙齿及伴生动物化石

——地学知识窗——

旧石器时代

以使用打制石器为标志的人类物质文化发展阶段。从距今约300万年前开始，延续到距今1万年前左右。其时期划分一般采用三分法，即旧石器时代早期、中期和晚期，大体上分别相当于人类体质进化的能人和直立人阶段、早期智人阶段、晚期智人阶段。

Part 6 辐射·灭绝

地球上的生命演化是一个由简单到复杂、由低等到高等的过程，同时，又是一个由多次起源→辐射→灭绝→复苏组成的阶段性过程。其中，辐射与灭绝是明显的突变或质变。自显生宙以来，全球生物经历了3次大辐射和5次大灭绝。

生物大辐射

地球历史上的3次生物大辐射分别发生在寒武纪、早中奥陶世和中三叠世，相应出现了3个演化生物群：寒武纪演化生物群、古生代演化生物群和现代演化生物群。

寒武纪生物大爆发

寒武纪生物大爆发主要是指早寒武世多细胞动物门类多样性的大爆发。此前的多细胞动物只分化出三四个门，经过寒武纪之前约1200万年的过渡性时期后，从距今5.3亿年前开始，不过几百万年内，几乎现存所有门（有人认为达38门）的代表动物已全部出现。这是多细胞动物构型体制和解剖学制式多样性的大爆发，并伴随动物体型增大和躯体骨骼化过程。寒武纪演化生物群以寒武纪型三叶虫动物群和磷酸盐质壳腕足动物群为主，主要生活于浅海。

埃迪卡拉生物群

埃迪卡拉生物群由澳大利亚地质学家斯普里格于1947年首先在南澳大利亚埃迪卡拉山前寒武纪晚期的庞德砂岩内发现。该生物群化石共计8科22属31种，包括腔肠动物、环节动物、节肢动物等（图6-1）。其特点是动物体增大，门类增

图6-1　发现于南澳大利亚埃迪卡拉山的生物化石

多，结构变得复杂，生活方式多种多样。埃迪卡拉生物群的组成说明它们生活于浅海环境，从沉积物来看当时的海洋深度只有6～7米（图6-2）。

埃迪卡拉生物群生存的年代为距今6.8亿～6亿年前，为前寒武纪末期，这是目前已发现的地球上最古老的后生生物化石群之一。然而前寒武纪即将结束的最后地质瞬间，全球性海退事件导致了菌藻类大幅减少，食物资源更加短缺，对生活在海底表面的草食性动物和生活在软泥中的泥食性生物的生存构成了威胁，故导致一部分生物走向灭绝，另一部分的食性则发生了改变。固着底栖生物——埃迪卡拉生物群受到极大威胁，致使许多种类灭绝。

澄江生物群

澄江生物群位于我国云南澄江帽天山附近，产于早寒武纪的粉砂质页岩中，是迄今世界上发现古生物门类最多的生物群。澄江生物群是我国古生物学家侯先光在1984年发现的，这里不仅保存了生物的硬体组织化石，也保存了大量软体生物化石，反映了距今5.2亿年前寒武纪早期的

图6-2　埃迪卡拉生物群复原图

海洋生物群落和生态系统。澄江生物群共涵盖16个门类、200余个物种化石（截至2012年），包括水母状生物、三叶虫、具附肢的非三叶的节肢动物、蠕形动物、海绵动物、内肛动物、环节动物、无绞纲腕足动物、软舌螺类、开腔骨类以及藻类等，甚至还有低等脊索动物或半索动物（如著名的云南虫）等（图6-3）。这里的许多动物的软组织保存完好，为研究早期无脊椎动物的形态结构、生活方式、生态环境等提供了极好的材料，同时，也成为探索地球上带壳后生动物爆发事件的重要窗口（图6-4）。

凯里生物群

凯里生物群命名于贵州省凯里市，由贵州大学赵元龙教授在1982年11月首次

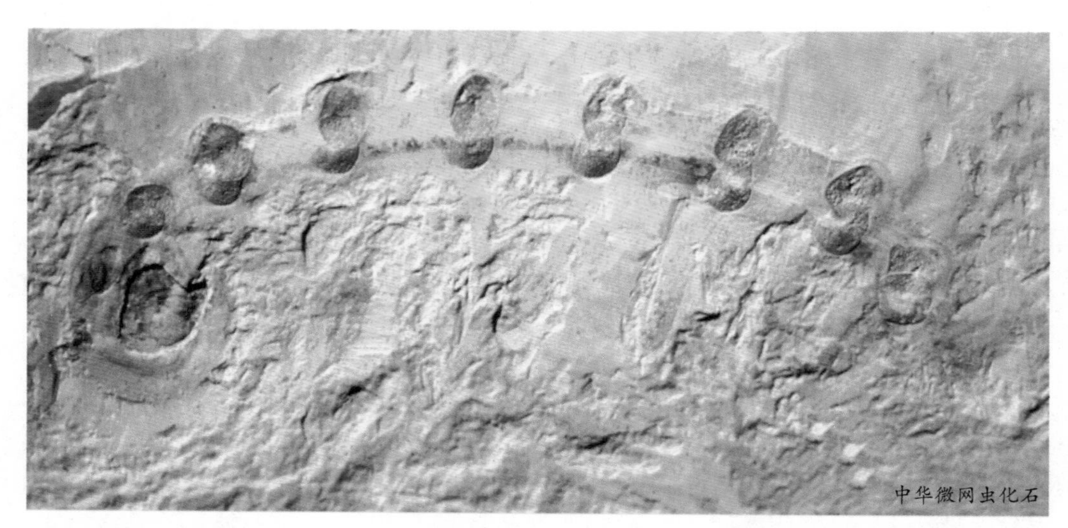

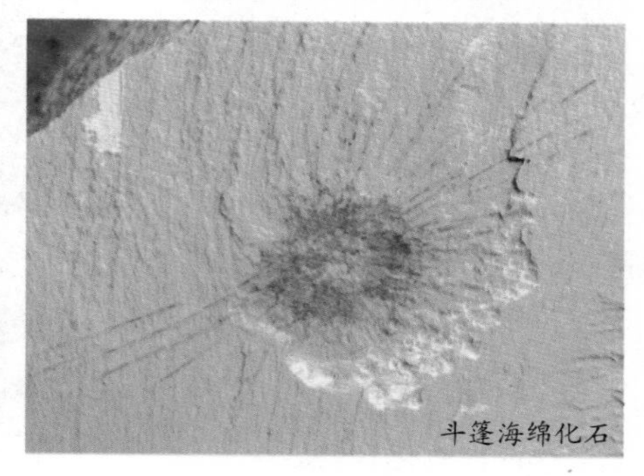

图6-3　发现于云南澄江帽天山的生物化石

图6-4 澄江生物群复原图

发现，属距今5.20亿～5.12亿年前的中寒武世早期。凯里生物群化石保存状况极好，以世界独有的软体动物——贵州拟轮盘水母钵等生物而享誉世界。在这里，几乎所有现代动物门类的祖先代表以及现已经灭绝了的动物门类都被发现。凯里生物群包括11门类、120多属生物化石，主要有多孔动物、腔肠动物、蠕形动物、叶足动物、腕足动物、软体动物、节肢动物、棘皮动物化石及藻类的遗迹化石等（图6-5），这为研究早期后生生物的演化和寒武纪生物大爆发提供了重要资料及证据（图6-6）。

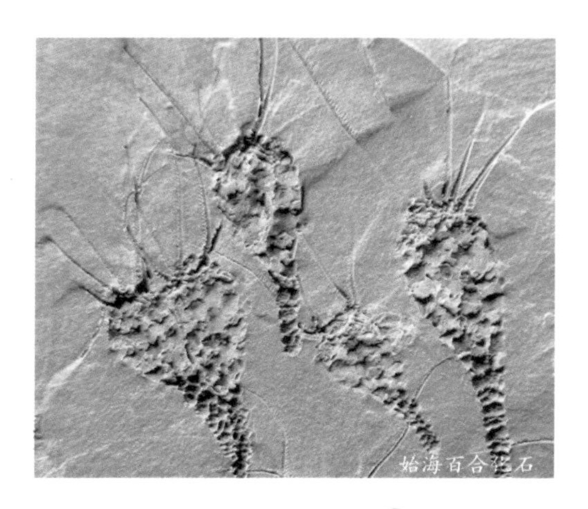

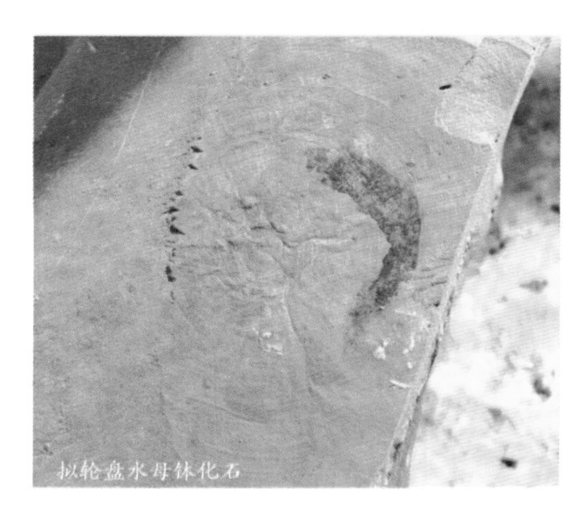

图6-5 发现于贵州凯里的生物化石

图6-6 凯里生物群复原图

布尔吉斯生物群

加拿大布尔吉斯生物群，位于加拿大的大不列颠哥伦比亚省，发现于距今约5.05亿年前的中寒武世地层中。布尔吉斯生物群发现了大约119属140种动物的化石，这些动物大多生活在深海中，其中节肢动物是优势种群，另外还保存有海绵动物、蠕虫动物、腕足动物、棘皮动物化石甚至脊索动物等的软体组织化石。但是布尔吉斯生物群中发现的生物硬体组织化石较多，而软体化石的保存度不高，因此对生物多样性的研究带来了一定的难度（图6-7）。

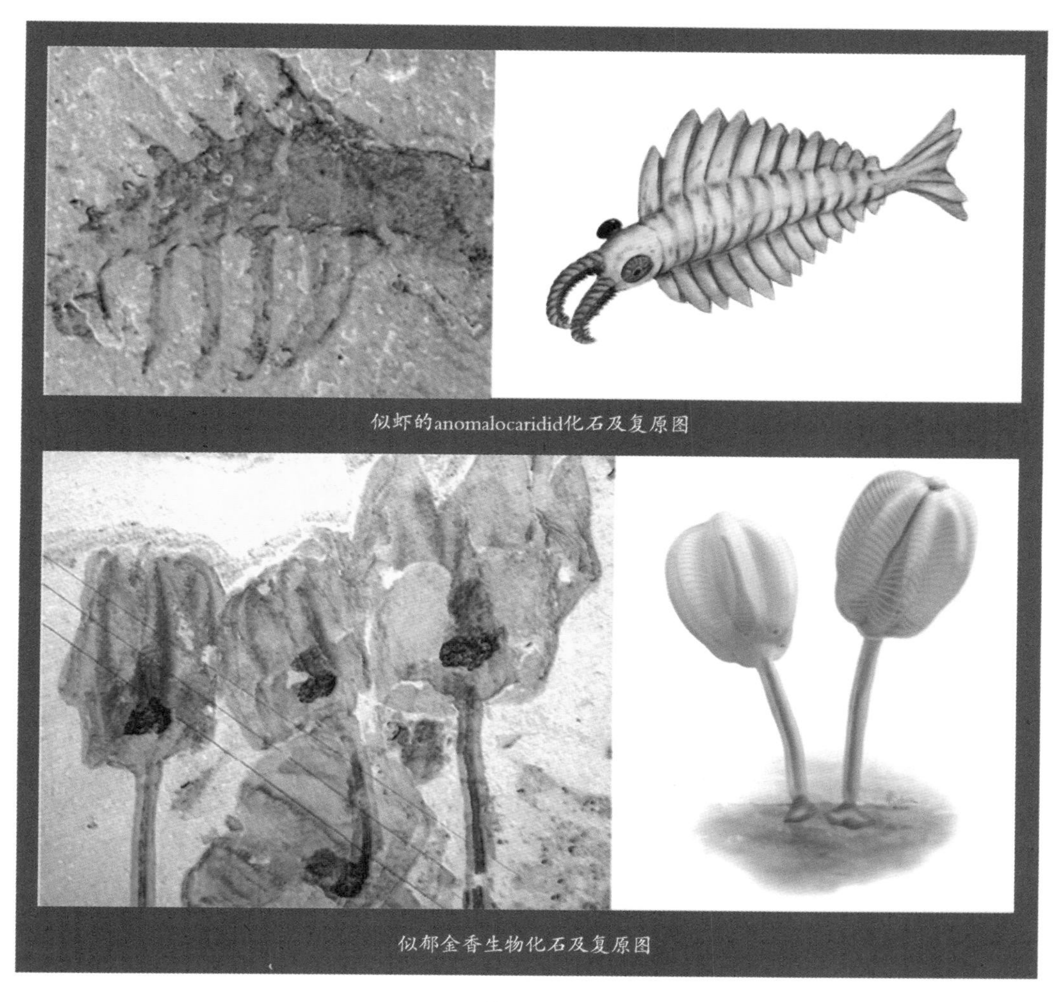
似虾的anomalocaridid化石及复原图

似郁金香生物化石及复原图

图6-7 发现于加拿大大不列颠哥伦比亚省的生物化石

奥陶纪生物大辐射

奥陶纪生物辐射始于早奥陶世晚期，于晚奥陶世初的凯迪期达到高峰，奠定了古生代演化生物群的基础。前期有三叶虫和笔石，后期以钙质壳腕足动物、苔藓虫、海百合和四射珊瑚等为主，在奥陶纪至二叠纪的2亿多年间，成为海洋生态系的优势动物群。经过这次辐射，海洋生物分类多样性达到寒武纪结束时的7倍多，但门类增加得不多，大辐射虽主要表现在较低级别的分类单位上（如目、超科、科、属和种），但使得地球海洋生态系统首次变得高度复杂化。寒武纪时，地球海洋生物主要集中在近岸浅水区域，而奥陶纪生物大辐射使得当时地球广大陆表海区域从近岸浅水到远岸较深水、从水体表层到不同水体深度以及海洋软底质表面和底质内部全部都被不同生态类型的海洋生物所占领，海洋生命系统呈现出前所未有的繁荣景象。

目前对于奥陶纪各主要海洋生物大辐射的具体表现形式已经有了轮廓性的认识，对主要海洋生物类群的研究已比较深入（如笔石、三叶虫、腕足动物），但以地层古生物研究为基础的地方和区域性的实例剖析偏少。对于大辐射机制的探讨，更是众说纷纭、莫衷一是，除传统的一些认识外，最近几年还提出了一些新的假说，但大多存在争议。

华南奥陶纪腕足动物群

以我国华南奥陶纪腕足动物的辐射演化为例，分类单元多样性变化的首次峰值出现在早奥陶世弗洛早中期的*Didymograptellus eobifidus*笔石带，主要是正形贝类、五房贝类等类群在华南上扬子区的大量出现。群落古生态的分析显示，这次峰值实质上是由区域性很强的中华正形贝动物群在华南上扬子台地正常浅海地区的兴起和极度繁盛所体现出来的。就在分类单元出现峰值的时候，扬子台地更近岸浅水和更远岸较深水区域并没有同期兴盛，而是在辐射高潮之后，从辐射中心地区（扬子台地正常浅海地区）逐步拓展，到两个笔石带之后的*Expansograptus hirundo*带才达到最广阔的生态分布范围，即群落生态多样性的演变要明显滞后于分类单元多样性的演变。类似的现象，在美国大盆地地区的奥陶纪辐射演化过程中同样存在。华南奥陶纪腕足动物大辐射的第二次高潮出现在中奥陶世达瑞威尔中后期，表现为华美正形贝动物群在华南上扬子区正常浅海地区的极度繁盛；第三次高潮是在晚奥陶世凯迪中晚期，由阿尔泰窗贝动物群在狭窄的浙赣台地上大量繁盛表现出来。这两个动物群都是区域性很强的底栖壳相动物群，而这两次高潮出现的时间也都是全球生物地理分区大幅度增强的时期（图6–8）。

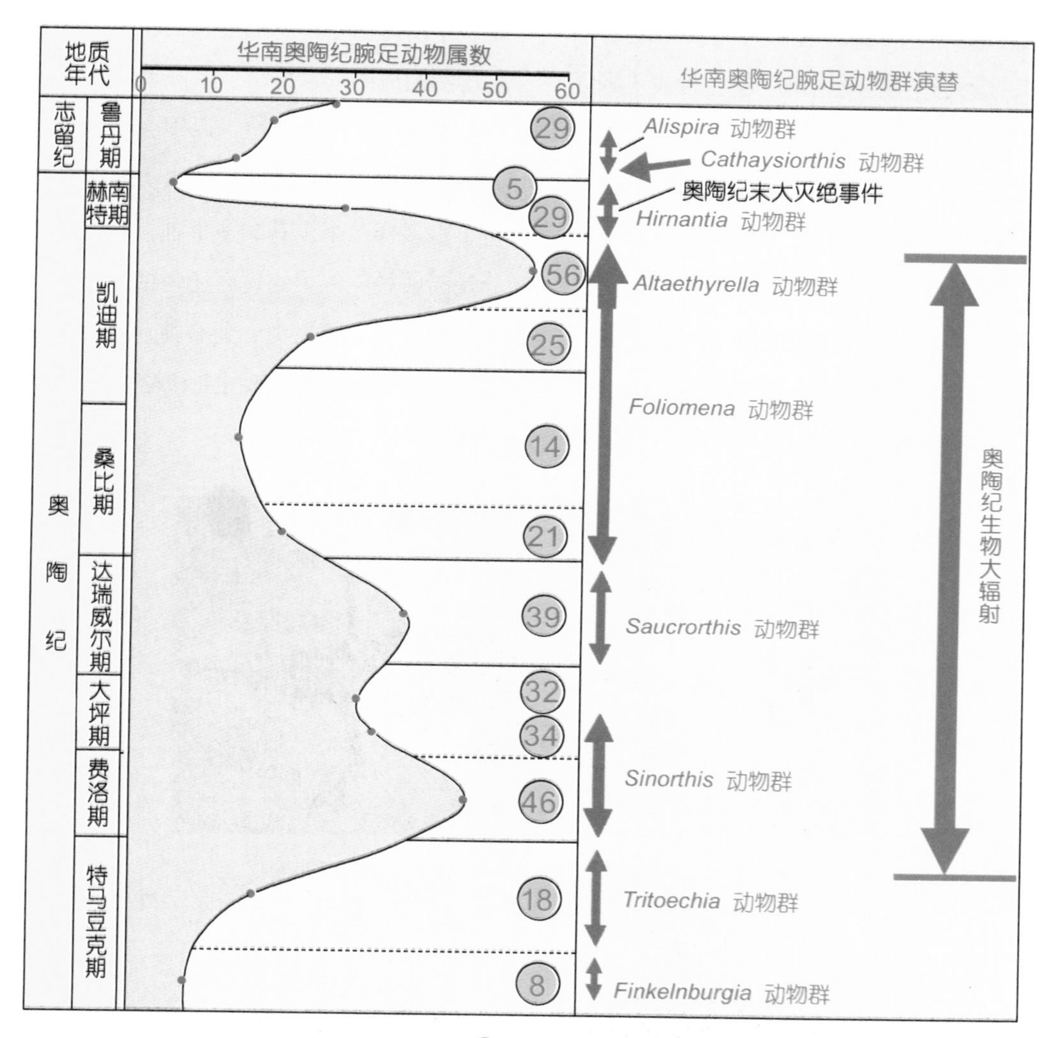

图6-8　华南奥陶纪腕足动物的辐射演化与动物群演替

中三叠世生物大辐射

二叠纪—三叠纪之交的生物大灭绝使古生代演化动物群基本灭绝，经历了早三叠世长达500万年的复苏期后，中三叠世安尼期的地球迎来了显生宙的第三次辐射——中三叠世辐射。安尼期的生物科、属总数比前一时期分别递增了四五倍，达到三叠纪的最高值，形成了双壳类、腹足类、棘皮类、甲壳类及海洋脊椎动物占优势的生物群，它们后来演变为现代演化动物群。罗平生物群是显生宙第三次生物大辐射的典型代表，它和同期或略晚的兴义、盘县和关岭动物群一起，构成了国际闻名的滇黔中—晚三叠世海洋生物王国。

罗平生物群

罗平生物群位于云南省罗平县，处于距今2.5亿年前二叠纪末期生物大灭绝之后，生命复苏到辐射的关键时期，是三叠纪海洋生态复苏最典型的代表，也是珍稀的三叠纪海洋生物化石库。罗平生物群是一个由海生动物、陆生植物以及少量陆生动物组成的混合群落。节肢动物在整个化石群落中占主宰地位，以甲壳纲为主。另外，还发现有鲎类、千足虫类等。鱼类也丰富多样，至少有20多个种，其中大部分是新属种。伴生的化石还包括海生爬行类、双壳类、腹足类、菊石类、棘皮类、腕足类、牙形石、有孔虫和植物化石等（图6-9）。

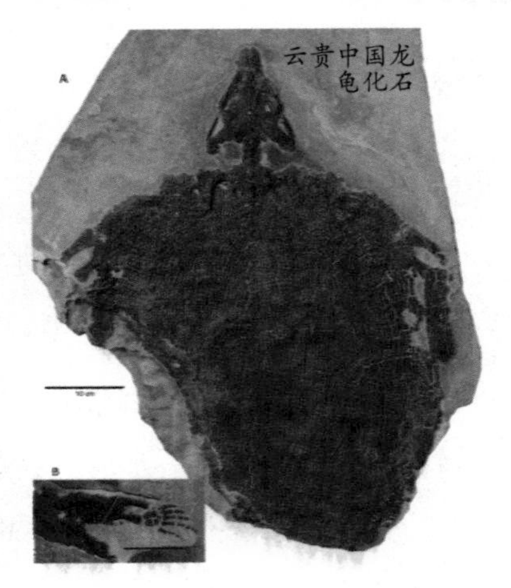

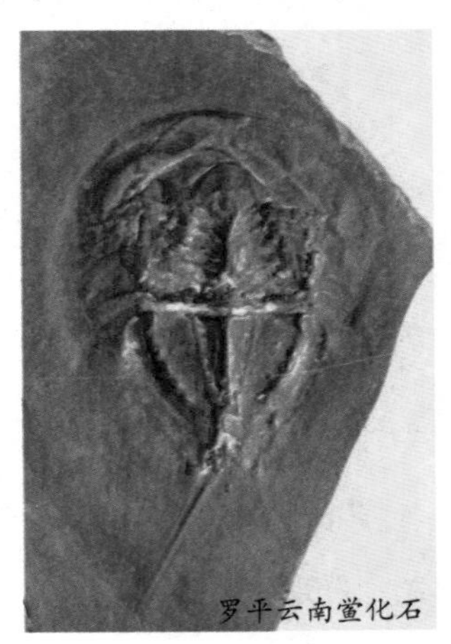

图6-9　发现于云南罗平的生物化石

关岭生物群

关岭生物群发现于贵州西南部关岭县新铺乡，形成于距今2.2亿年前的晚三叠世。关岭生物群是一个以海生爬行动物和海百合化石为主要特色，并伴生有多门类脊椎动物、无脊椎动物的珍稀生物群。主要包括海生爬行动物、鹦鹉螺、腕足动物、海百合、鱼类、菊石、双壳类和牙形石等（图6-10），此外，还有裸子植物和蕨类植物。

图6-10　发现于贵州关岭的生物化石

——地学知识窗——

山东著名古生物化石群——山旺生物群

发现于山东省临朐县山旺村的山旺生物群形成于距今1800万年前的新近纪中新世。山旺地区拥有精美的硅藻土页岩，号称“万卷书”， 蕴藏的动、植物化石有12个门类700多个属种，其中大部分是已灭绝的物种。植物化石包括真菌、硅藻、苔藓、蕨类、裸子植物和被子植物；动物化石有昆虫、鱼类、两栖类、爬行类、鸟类及哺乳类。特别是山旺山东鸟、齐鲁泰山鸟等鸟类化石的发现，为我国鸟类研究提供了新的重要化石依据，成为我国重要的鸟类化石产地之一。山旺也是目前世界上发现鹿类化石最多、保存最完好的化石产地。发现的带胚胎的犀牛化石为世界唯一，在国际学术界引起了轰动。山旺所保存的化石，个体之完整，生物躯体结构之精细，实属世界罕见。如树叶的叶脉、蝙蝠的翼膜、蜘蛛的足毛、蜻蜓的羽翅等都印痕清晰、历历可辨，就连极难形成化石的蝌蚪、青蛙、蝾螈、蜜蜂和植物的花都保持了原态，有的还保持了原来的色彩。山旺的许多化石都属于“稀世珍宝”。

生物大灭绝事件

自生物圈形成以来，地球上曾经出现过的动植物多达40多亿种，绝大部分曾生活在显生宙。然而现今只有几百万种生物，99.9%的生物均已先后灭绝。若其灭绝率为每百万年0.1～1个物种，这种灭绝称为“背景灭绝”。然而生物灭绝并非是循序渐进的过程，往往是生物区系中的大部分成员在很短的地质时间里遭到毁灭，称为“集群灭绝”。它的特点是在短时间内，主要类别的大量生物突然消失，生物分异度和生物量骤然降低。

地球上的生物在其发展演化的进程中，曾出现过5次影响遍及全球的生物大灭绝事件，分别发生在奥陶纪末期、泥盆纪末期、二叠纪末期、三叠纪末期和白垩纪末期。

第一次生命大灭绝

发生在距今约4.4亿年前的奥陶纪末期。这次的灭绝事件由前、后两幕组成，其间相隔50万～100万年。第一幕是生活在温暖浅海或较深海域的许多生物都遭遇灭绝，灭绝的属占当时属总数的60%～70%，灭绝种数高达80%；第二幕是在第一幕之后，那些幸存的能在较冷水域生活的生物又遭灭顶之灾，这一幕中腕足类属的灭绝率为60%，种的灭绝率可达85%。三叶虫类在这次灾难中元气大伤，此后再也无法恢复前期的繁荣。

至于此次灭绝事件的原因众说纷纭，一些人认为气候变化及其相关事件是造成这两幕生物灭绝的主要原因。在距今

——地学知识窗——

冰河期

又称冰期，是指地球表面覆盖有大规模冰川的地质时期，又称为冰川时期。两次冰期之间唯一相对温暖的时期，称为间冰期。地球历史上曾发生过多次冰期，最近一次是第四纪冰期，发生在距今260万年前。

大约4.4亿年前，撒哈拉所在的陆地曾经位于南极，容易造成厚的积冰，大片的冰川使洋流和大气环流变冷，整个地球的温度下降，冰川锁住水，又使海平面降低，这些事件的综合效应导致许多生活于温暖水域的生物灭绝。随着大陆冰川的快速消融，大气和海水温度又迅速回升，海平面也很快回升，全球规模的海侵和缺氧事件发生了，那些冷水域中的动物几乎无处藏身，原先丰富的沿海生态系统被破坏。除此之外，英国所在地区在距今4亿多年前的奥陶纪末期还发生了3次大规模的8级火山爆发，可能也导致了全球变冷，并杀死了大量生物。还有一些人认为当时可能有一颗直径为10～12千米大小的天体撞击了地球，巨大的尘烟覆盖了全球，地球进入冰河期。许多无脊椎动物因不能适应环境而灭绝，叶足动物门和古虫动物门可能均是在这时突然消失的。

另有一种更被大家接受的说法认为，距离地球6000光年的一颗衰老恒星发生爆炸，释放出的伽马射线到达地球，摧毁了地球30%的臭氧层，导致紫外线长驱直入，浮游生物因此大量死亡，食物链的基础被摧毁，产生饥荒；同时，伽马射线使空气中的分子重新组合成带有毒性的气体，这些气体遮隔了阳光中的热量，使地球一时失去生机（图6-11）。

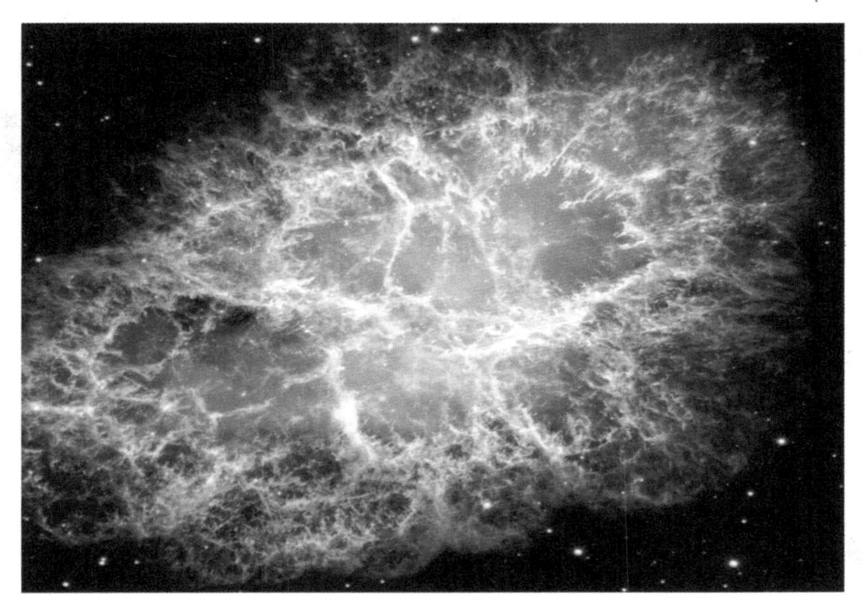

图6-11 一颗恒星爆炸后留下的混乱碎片云

第二次生物大灭绝

发生在距今约3.60亿年前的泥盆纪末期。这次灭绝事件呈现出两个高峰，第一个高峰因发生在晚泥盆世法门阶的早期而被称为法门大灭绝，第二个高峰出现在石灰纪与泥盆纪交接，两事件中间间隔100万年。这次灭绝事件中，海洋生物遭到重创，有82%的海洋物种灭绝，灭绝的科占当时科总数的30%。这次灭绝事件的时间范围较宽，规模较大，受影响的门类也多。当时浅海的珊瑚几乎全部灭绝，深海的珊瑚部分灭绝，层孔虫几乎全部消失，竹节石（图6-12）全部灭亡，浮游植物的灭绝率也达90%以上，腕足动物中有3大类灭绝，无颌鱼及所有的盾皮鱼类受到严重影响。陆生植物以及淡水物种，也受到影响。

对于这次灭绝事件的原因，科学家们有着不同的看法。此次大灭绝中受影响最大的是那些生活在暖水中的物种，因此，很多科学家认为造成这次大灭绝的原因与奥陶纪末期相似，也是因全球气候变冷，即地球进入卡鲁冰河时期所致。根据

图6-12　竹节石

这一理论，晚泥盆世的大灭绝是由冈瓦纳大陆的另一次冰川作用引发的，巴西北部这一时期的沉积物中有证据支持这一假设。另外，此期间的彗星撞击事件可能是这次灭绝事件的诱因。还有一些科学家认为由于陆生植物大量繁育，它们进化出发达的根系深入地表土之下数米，加速了陆地岩石土壤的风化，大量元素释放进入地表水，造成了水体的富营养化，导致了海水缺氧，从而使海洋物种大量灭绝。

第三次生物大灭绝

发生在距今约2.5亿年前的二叠纪末期，是有史以来最严重的大灭绝事件，地球上有96%的物种灭绝，其中95%的海洋生物和75%的陆地脊椎动物灭绝。

海洋生物灭绝的主要生物是蜓类、四射珊瑚、床板珊瑚、三叶虫、海蝎、笔石、长身贝等；有些生物，如腕足类及海百合等数量骤减。许多古生代的昆虫物种多在此次灭绝事件后消失，外翅总目、单尾目、古网翅总目、原蜻蜓目在二叠纪末灭亡，只有舌鞘目、原直翅目继续存活到中生代。

同时，此次灭绝事件也引起了陆地植物界的重大变化，大型木本植物大量消失，取而代之的是草原，这次事件之后裸子植物森林的复原花费了长达400万～500万年时间。在二叠纪末期，许多陆地脊椎动物消失，而某些演化支几乎灭亡，某些幸存的物种也未能长时间继续存在，超过2/3的两栖纲、蜥形纲、兽孔目的科在这个灭绝事件中消失；大型的草食性动物遭受重创，除了前棱蜥科，几乎所有的二叠纪无孔亚纲动物灭亡；盘龙目早在二叠纪末期前就已灭亡。由于二叠纪地层的爬行动物化石很少，无法确定灭绝事件对其造成的影响，水龙兽也许是爬行动物存活了下来代表（图6-13）。这次灭绝事件对鱼类的影响相对较小，软骨鱼中的肋刺鲨类此时继续发展，旋齿鲨（图6-14）和异齿鲨都是其中的著名代表。

这次大灭绝使得占领海洋近3亿年的主要物种从此衰弱并逐渐消失，让位于新生物种，生态系统也获得了一次彻底的更新，为恐龙等爬行动物的进化清除了障碍，这次大灭绝是地球历史从古生代向中生代转折的里程碑。

关于导致如此大规模生物集群灭绝的原因，至今仍争议颇大。有些科学家认为，陨石、小行星或彗星撞击地球导致了二叠纪末期的生物大灭绝。还有些科学家认为，气候的变化是造成这场大灭绝的主

图6-13 水龙兽

图6-14 旋齿鲨

要原因，因为二叠纪末期形成的岩石显示，当时某些地区气候变冷，在地球两极形成了冰盖，这些巨大的白色冰盖将阳光反射回太空，会进一步降低全球气温，使陆上和海中的生物很难适应。如果再加上海平面下降和火山爆发，这样就会造成灭顶之灾。

当然，这些假说并不能从单一方面揭开这次大灭绝的原因，但如果结合二叠纪末期古地理、古气候条件的重大变化和存在的一些天外因素的影响，结合各门类生物对演变过程中的环境条件的适应能力等因素作综合考虑，也许能够得出引起此次生物集群灭绝的复杂原因。

第四次生物大灭绝

发生在距今约2亿年前的三叠纪末期，这次灭绝事件历时很短，不足1万年，且并无特别明显的标志。这次灭绝事件的影响遍及陆地与海洋，导致全球约有76%的物种灭绝。海洋中除鱼龙之外的牙形石类全部灭绝，菊石、海绵动物、头足动物、腕足动物等也濒于灭绝；陆地上大多数非恐龙类的原始爬行动物，如古蜥目、兽孔目和一些原始的大型两栖动物都灭绝了，尤其是原始鳄类，如陆鳄（图6-15），从地球上销声匿迹；昆虫中的多个门类，也都走到了进化的终点。

虽然这次大灭绝的损失相对较小，但它却腾出了许多“生态位”，为很多新物种的产生提供了有利条件。也正是这次灭绝事件，给恐龙提供了广阔的生存空间，使得恐龙得到了崛起的机会，加速了恐龙时代的来临，并使之称霸了地球1.6亿年之久。

这次大灭绝事件发生在一个气候长期变化、海平面快速波动，并伴有发生地内外灾难的背景下，三叠纪晚期联合古陆

图6-15 三叠纪晚期的陆鳄

上许多地区出现的干旱，也许是造成这次大灭绝的重要原因，然而灭绝的突然性又与干旱是造成灭绝的直接原因的观点相矛盾；另一种说法是一次快速而大幅度的海退—海进旋回可能会造成海洋生物的大灭绝。海平面下降导致生境缩小，紧接着快速上升又导致海洋缺氧，但这一假说无法解释海生生物的迅速灭亡和近乎同时发生的陆生生物的灭绝。还有科学家认为是陨石撞击地球所致。人们曾先后在加拿大曼尼古根和法国罗什舒阿尔发现地质年代大约是距今2.01亿年前的陨石坑，但也有专家认为这样体积的陨石撞击不足以造成大规模的生物灭绝。2013年，科学家在日本发现了浓度很高的金属锇，这种金属在地表上非常罕见，但在陨石内则含量丰富。后经同位素分析证实，新发现的锇与地表本来存在的锇不同，其来源是陨石，他们认为这是一颗直径为3.3～7.8千米的陨石撞击地球所致，此次撞击导致了三叠纪至侏罗纪生物的大灭绝。还有人认为这一事件与当时大规模火山爆发所引发的气候变化有关，最有可能的是中大西洋的玄武岩浆大规模喷发，广泛的火山喷发释放出大量气体，致使大气中二氧化碳含量迅速增加，全球变暖或变冷，或者排放的二氧化碳还可能会海洋酸化，造成海洋及陆地生物的灭绝。但对古土壤的研究表明，当时二氧化碳的增加量被高估了，与火山活动有关的原因仍待进一步研究。

——地学知识窗——

生态位

又称生态龛，表示生态系统中每种生物生存所必需的生境最小阈值。即指一个种群在生态系统中，在时间空间上所占据的位置及其与相关种群之间的功能关系与作用。

第五次生物大灭绝

发生在距今约6500万年前的白垩纪末期。当时地球上有75%～80%的物种遭受了灭绝。这次大灭绝事件，因长达1.6亿年之久的恐龙时代在此终结而最为著名（图6-16）。另外，海洋中的菊石类也在此次灭绝事件中一同消失。这次灭绝事件最大的贡献在于消灭了地球上处于霸主地位的恐龙及其大部分同类，为哺乳动物及人类的最后登场提供了契机。

这次灭绝事件涉及了当时地球上几乎所有的物种，它们在不同程度上遭受了冲击，有的直接灭亡，而也有的熬过

图6-16　白垩纪生物大灭绝因恐龙时代的终结而闻名

这次灾难得以幸存。陆地脊椎动物中，首当其冲的就是恐龙，它们在白垩纪末期很短的时间里突然消失，现在人们看到的只是当时留下来的大量恐龙化石（图6-17）。神龙翼龙科也在灭绝事件中灭亡了。海洋爬行类中，以沧龙类为代表的海生爬行动物也在灭绝事件中灭亡了。同时，多种植物与无脊椎动物也在此次事件中灭绝。哺乳动物与鸟类则存活下来，并辐射演化，成为新生代的优势动物。

关于白垩纪末期灭绝事件的原因，尤其是在恐龙灭绝原因的问题上，科学家们目前已提出了上百个假说，但是像恐龙这样一个庞大的占统治地位的家族，为什么会突然之间就从地球上消失了，在6500万年前究竟发生了什么使得恐龙和另外一大批生物统统灭亡，科学家们对此一直争论不休。目前普遍被人们认可的是行星撞击说（图6-18）。

撞击假说的支持者发现了许多有力的证据，最有力的证据来自在白垩系与古近系界线的地层中发现的铱异常和冲击石

图6-17　白垩纪地层中的恐龙骨骼化石

图6-18　白垩纪末期小行星撞击地球想象图

英。科学家推测，这种高含量的铱元素是撞击地球的小行星带来的，冲击石英是在撞击过程中形成的，他们认为在白垩纪与古近纪的交接时期曾有一颗直径约10千米的小行星碎片撞击了地球，其撞击地点是墨西哥尤卡坦半岛，形成了希克苏鲁伯陨石坑，该陨石坑呈椭圆形，平均直径为180千米。从陨石坑的地点与形状判断，该碎片撞击到了陆地与海洋交界的地方（图6-19）。

科学家推断，这次撞击相当于人类历史上发生过最强烈地震的100万倍，爆炸的能量相当于地球上核武器总量爆炸的1万倍，导致了2.1万立方千米的物质进入了大气层中，由于大气中大量尘埃的遮挡，太阳光不能照射到地球表面，使得温度迅速降低。没有了阳光，植物逐渐枯萎死亡；没有了植物，植食性恐龙也因饥饿而死；没有了植食性恐龙，肉食性恐龙也失去了食物来源，它们在绝望和相互残杀中慢慢地灭亡了。只有小型陆生动物，如一些哺乳动物，依靠残余的食物勉强为生。终于熬过了最艰难的时日，迎来的是古近纪陆生脊椎动物的再次大繁荣。

除此之外，对这次生物灭绝的原因还有其他很多的说法，比如气候变迁说、大陆漂移说、物种斗争说、地磁变化说、植物中毒说、酸雨说、造山运动说、火山爆发说、海洋退潮说、自相残杀说、压迫学说、气温雌雄说、物种老化说等等。

根据前面的叙述我们知道，在地球历史上生物界已经经历了5次集群灭绝事件，在这5次灭绝事件当中生命承受了巨大的灾难，但生命是顽强的，每次灾难之后都会重新复苏。人们不禁要问，未来地球上还会出现第六次生物大灭绝吗？

自从人类出现并主宰了生物圈之后，由于人类活动的影响，物种灭绝速度比背景灭绝速度快了1 000倍，这预示着地球正在向着第六次大灭绝事件迈进。未

图6-19　尤卡坦半岛的希克苏鲁伯陨石坑示意图

来物种的灭绝程度到底有多么严重？和历史上那5次物种大灭绝有可比性吗？

毋庸置疑，第六次物种大灭绝将由人类活动所引发。从很多方面来看，由于人类的活动，影响了生物多样性的发展，生物栖息地被破坏以及过度猎杀和捕捞等行为让众多野生动植物难逃一劫；另外，自工业革命以来，人类社会的活动导致了气候的日益恶化，由此带来的威胁日益增多，这一切正加快着生物的灭绝。如果人类再不采取措施，也许最后灭绝的将会是我们人类自己。这绝非危言耸听。

前5次物种大灭绝事件，主要是由于地质灾难和气候变化造成的。与前5次大灭绝相比，下次物种大灭绝有其特殊性，它主要是由人类活动引起的，而且人为影响的叠加已远超自然本身的因素。目前，我们已经意识到这个问题。只要人类采取果断、有效的措施，停止对自然环境的破坏，尽可能地保持地球环境的自然演变和生物多样性，找到新的物质生产和经济发展方式，同时依靠目前科技的进步、利用新能源等，只要方法得当，完全可能使这次即将到来的生物大灭绝推迟甚至得以避免。

参考文献

[1]王章俊, 刘凤山. 化石与生命——生命的进化[M]. 北京: 地质出版社, 2014.

[2]刘凌云, 郑光美. 普通动物学[M]. 北京: 高等教育出版社, 2009.

[3]姜在民, 贺学礼. 植物学[M]. 西安: 西北农林科技大学出版社, 2009.

[4]张惟杰. 生命科学导论[M]. 北京: 高等教育出版社, 2008.

[5]杜远生, 童金南. 古生物地史学概论[M]. 北京: 中国地质大学出版社, 2008.

[6]郝守刚. 生命的起源与演化[M]. 北京: 高等教育出版社, 2000.

[7]詹仁斌, 靳吉锁, 刘建波. 奥陶纪生物大辐射研究: 回顾与展望[J]. 科学通报, 2013, 58(33): 3357-3371.

[8]殷鸿福. 显生宙生物大灭绝和大辐射[J]. 大自然, 2013(4): 1-1.